DARWIN EN PERSPECTIVE

La présente collection a pour but de remettre à la disposition des chercheurs et « curieux » des textes ou des études aujourd'hui introuvables ou inaccessibles, en remédiant à l'inconvénient majeur du coût élevé des rééditions à tirage limité.

Le procédé utilisé ici sacrifie délibérément l'aspect matériel au profit du contenu, et reproduit les textes sans révision de principe.

Lecteurs, l'Editeur et son Imprimeur, ainsi que les Animateurs de « Vrin-Reprise », Messieurs:

sont heureux de vous offrir la possibilité de posséder, à nouveau, des œuvres devenues indisponibles alors qu'elles étaient et restent fondamentales.

La présente édition est la reprise en un volume de différents articles dont le références figurent à la Table des Matières. L'auteur et la Librairie Vrin remercient les éditeurs de ces études pour leur aimable autorisation.

DARWIN EN PERSPECTIVE

par

Yvette CONRY

PARIS
LIBRAIRIE PHILOSOPHIQUE J. VRIN
6, PLACE DE LA SORBONNE, V^e^

1987

ISBN 2-7116-0923-5

AVANT-PROPOS

L'ensemble des textes ici présentés – dont nous remercions les éditions VRIN d'avoir permis la ré-édition groupée – comprend une série d'études préalablement publiées dans des revues françaises. Distribuées indépendamment de leur chronologie d'écriture, elles ont ici été ordonnées en vue de manifester, d'une part la radicale originalité, voire la subversion scientifique et intellectuelle du darwinisme, d'autre part sa perduration opératoire dans la biologie contemporaine, en l'occurrence la génétique écologique des populations. La comparaison d'une histoire en amont et en aval fait ainsi apparaître les paramètres d'un discours irréductible, les lieux possibles et effectifs d'un réinvestissement de la théorie darwinienne et le re-travail des concepts qui l'ont rendu nécessaire, eu égard aux remaniements et rectifications imposés en toute légitimité par l'émergence et la convergence des nouveaux savoirs de notre temps sur les vivants. Et si l'actualité trace ainsi l'histoire de la pertinence ouverte du modèle darwinien, lui-même sans précédent, nous avons de ce fait repéré le premier niveau de sa mise en perspective.

Mais nous avons aussi souhaité découvrir celle-ci à l'intérieur même de la pensée darwinienne, dans l'ordre, peut-être inconscient, d'une culture. Une comparaison, élaborée désormais par la mise en jeu des propres écrits de Darwin, à savoir l'*Origine des espèces* et la *Descendance*, cette comparaison induit à penser que leur diachronie n'implique nullement leur équivalence, voire leur identité statutaires : décalage théorique et signifiant où se repère cette fois une distribution perspectiviste de l'œuvre elle-même, laquelle pourrait bien être instructrice s'agissant des délicats, mais inévitables rapports entre les sciences et les idéologies.

Le lecteur trouvera dans la table des matières la liste des Revues où les présents articles ont paru, ainsi que leurs dates de publication. Notre corpus des études sur le darwinisme sera achevé, dans un ouvrage à paraître, par une recherche, inédite en France, sur le statut et l'usage du principe de divergence dans la biologie darwinienne

L'idée d'une « marche de la nature » dans la biologie prédarwinienne au XIXe siècle

RÉSUMÉ. — L'idée d'une « marche de la nature » est à l'œuvre dans toute la biologie prédarwinienne et non darwinienne au XIXe siècle. Le lamarckisme, qui l'importe de l'échelle des êtres et la problématise par l'intermédiaire de l'actualisme géologique, l'investit d'une signification généalogique, permettant ainsi à l'historien des sciences d'ordonner l'élaboration de la théorie lamarckienne et d'en estimer les ambiguïtés. La marche de la nature fonctionne désormais dans des savoirs diversifiés telles l'anatomie comparée, l'embryologie postbaerienne, la botanique et la paléontologie. Tout en s'enrichissant par des implants géographiques ou technologiques, la constance de son usage, au sein d'options biologiques divergentes, autorise à la traiter comme une idéologie simultanément scientifique et philosophique, dont l'intérêt polémique immédiat et la fonction axiologique permanente et sous-jacente ont pu être ceux d'une garantie contre l'inscription d'une contingence événementielle que le darwinisme venait d'introduire dans le savoir sur le vivant et les mentalités contemporaines.

SUMMARY. — The notion of an « advance of nature » is operating in the whole of pre-darwinian and non-darwinian biology in 19th century. Lamarckism, which derives it from the scale of beings and frames it through geological actualism, invests it with a genealogical meaning, thus enabling the historian of sciences to set the elaboration of the lamarckian doctrine in proper order and to estimate its ambiguities. The advance of nature then is found at work in various branches of knowledge, such as comparative anatomy, embryology after von Baer, botany and paelontology. While receiving the contribution of geographical or technological grafting, its constant use within diverging biological persuasions allows it to be treated as an ideology, at once scientific and philosophical, whose immediate polemic interest and permanent basic axiological function have consisted in providing security against that introduction of contingent events which darwinism had just been effecting in biological learning and contemporary mental structures.

Si, comme l'affirme G. Bachelard, « quand il se présente à la culture scientifique, l'esprit n'est jamais jeune » (1), l'idée d'une marche de la nature est déjà une très vieille métaphore. On pourrait en effet en faire assumer la paternité à Hippocrate, il est vrai, dans la circonscription d'une « marche de la maladie » : le traité du *Pronostic* l'énonce dans le cadre d'une doctrine des crises, et d'un bilan séméiologique de la physionomie. Aussi bien

(1) *La formation de l'esprit scientifique*, Paris, Vrin, 4e éd., 1960, chap. I, p. 14.

Pinel retrouvera-t-il cette tradition en 1801, lorsque, dans le *Traité médico-philosophique sur l'aliénation mentale*, il tente d'assigner la « marche générale » de la manie (2), en corrélant sa périodicité au cours du soleil. Et Broussais qui, pour sa part, critique l'attentisme hippocratique — « on s'est contenté de *laisser marcher*, en attendant la coction » (3) — ne s'en efforce pas moins d'imputer à l'irritation suractivée la « marche », évolutive et irradiante, de la maladie et des maladies (4) : en quoi la « marche » d'un état pathologique se trouve structurée par le monopole d'une fonction (irritation), lui conférant la cohérence d'un point de départ, d'un processus et d'un vecteur. Ainsi cette notion de « marche de la nature » s'inscrit sur un horizon reculé, mais toujours présent, lorsqu'elle s'implante dans l'histoire naturelle et qu'elle ordonne les polémiques sur une théorie de la terre à la fin du XVIIIe siècle, lorsqu'elle scande, voire règle le discours lamarckien de l'évolution, et qu'elle s'exprime dans la *Naturphilosophie* ou s'illustre dans l'embryologie ou l'anatomie comparée des trois premières décennies du XIXe siècle, lorsqu'elle unifie la paléobotanique naissante. La diversité de ses lieux d'exercice ne doit toutefois pas faire conclure *a priori* à une hétérogénéité de constitution ; car, si la notion s'est infléchie quant à son sens originaire — l'œuvre de Lamarck en est, selon nous, à la fois le témoin et le moment —, elle n'évoluera pas quant à ses caractéristiques essentielles et à sa fonction dans une philosophie biologique, à tel point qu'après le darwinisme elle offrira une résurgence, pour ne pas dire une échappatoire à celui-ci, non arbitraire ni contingente : ce que la présente recherche essaie de montrer, en situant comme une idéologie, du fait même de sa pérennité, cette idée d'une « marche de la nature ». L'exposé ne s'astreindra donc pas à une stricte chronologie, mais se définit plutôt comme une polyphonie thématique. Et pas davantage il ne se limitera à ce que son titre aurait rigoureusement impliqué : aussi bien des incursions dans la fin du XVIIIe siècle ainsi qu'une extrapolation postdarwinienne s'avèrent-elles nécessaires pour manifester cette constance séculaire ici affirmée. Egalement, nous avons intégré la notion à des savoirs non proprement biologiques

(2) PINEL, *Traité médico-philosophique sur l'aliénation mentale,* an X, § III, p. 10 ; § IV, p. 12.

(3) BROUSSAIS, *Examen des doctrines médicales et des systèmes de nosologie,* 1829, t. I, chap. II, p. 30.

(4) *Ibid.*, § 83, p. XX ; § 94, p. XXIII ; p. LIX ; p. 43.

puisque nous avons recouru, occasionnellement à la cristallographie, et fondamentalement à la géologie.

La formulation d'une « marche de la nature » apparaît, dans l'œuvre lamarckienne, à l'origine radicale de celle-ci : car non seulement elle est contemporaine du *premier* texte publié, à savoir la *Flore française* de 1778, mais surtout il nous paraît qu'elle s'inscrira, non point certes uniformément, mais constamment, dans la problématique même de cet ouvrage. En l'occurrence, le *Discours préliminaire* affirme, contre l'artificialisme des taxinomies par divisions tranchées, la nécessité d'instituer entre les végétaux un mode de répartition qui soit conforme à « la marche de la nature », les « lignes de séparation » classificatoires étant, quant à elles, des « conventions absolument étrangères » à « l'ordre naturel « (5). A l'évidence, Lamarck reprend à son compte la discrimination buffonienne du système et de la méthode : l'*Histoire naturelle des animaux*, dont le tome II a paru en 1749, a récusé les idées générales et les systèmes catégoriels, car tous deux sont « de même opposés à la marche de la Nature qui se fait uniformément, insensiblement et toujours particulièrement », car « la Nature *va* par nuances insensibles » (6). Mais, sur cette question, la fidélité lamarckienne à Buffon doit être intégrée au champ théorique commun, celui de l'échelle des êtres, que les œuvres de la maturité, la *Philosophie zoologique* (1809) pas plus que l'*Histoire naturelle des animaux sans vertèbres* (1815) ne désavoueront nullement, même si des rectifications schématiques sont intervenues entre-temps. Le premier graphisme de la « marche de la nature » s'élabore en effet dans la problématique d'une suite infiniment graduée de formes et de fonctions :

« La chaîne admirablement graduée que les plantes paraissent former conduit à placer chaque être dans un point où il recevrait et renverrait la lumière de toutes parts » (7).

(5) Lamarck, *Flore française*, Discours préliminaire, p. 4.

(6) Buffon, *Histoire naturelle des animaux*, t. II, chap. VIII, p. 261. C'est nous qui soulignons. — *Ibid.*, p. 263 : « Nous avons dit que la marche de la nature se fait par des degrés nuancés et souvent fort imperceptibles. » — Pour les « lignes de séparation » dont parle Lamarck, cf. *Histoire naturelle des animaux*, II, chap. VIII, p. 261 : « Le mot est traité comme une ligne qu'on peut tirer entre les productions de la nature... ; mais ces lignes de séparation n'existent point dans la nature : il y a des êtres qui ne sont ni animaux, ni végétaux, ni minéraux et qu'on tenterait vainement de rapporter aux uns ou aux autres. »

(7) Lamarck, *Flore française*, 2e partie, art. 2 : Des systèmes et des méthodes, p. LI. — *Ibid.*, p. XLI : « Plan immense et merveilleusement gradué sur lequel la Nature a travaillé » ; ou encore : 1re partie, art. 2, p. XVII.

Son opposition à la méthodologie classificatoire de Linné dont la *Philosophia botanica* de 1751 achève le *Systema Naturae* de 1735, renvoie Lamarck à la thématique de la chaîne exprimée éminemment à l'époque par les travaux de Charles Bonnet, mais que la philosophie lebnizienne a colportée, cependant que les sciences naturelles en fondaient la possibilité par les découvertes réitérées de créatures dites transitionnelles — vivants « moyens et ambigus » tels les zoophytes, les phytophytes. A travers cette série linéaire, ininterrompue et enchaînée, la « marche de la nature est partout uniforme » : ainsi l'écrit Ch. Bonnet en 1764 dans la *Contemplation de la Nature.*

« Il n'est point de sauts dans la Nature ; tout y est gradué, nuancé. Si entre deux Etres quelconques, il existait un vide, quelle serait la raison du passage de l'un à l'autre ? Il n'est donc point d'Etre au-dessus ou au-dessous duquel il n'y en ait qui s'en rapprochent par quelques caractères, et qui s'en éloignent par d'autres. De là nos distributions en classes, en genres, en espèces. Ces distributions ne sauraient trancher. Il est toujours, entre deux classes ou entre deux genres voisins, des productions moyennes, qui semblent n'appartenir pas plus à l'un qu'à l'autre et les lier » (8).

Certes, Lamarck dans la *Flore française* ne requiert pas confirmation par les zoophytes, et il les récusera explicitement dans la *Philosophie zoologique* en vertu de sa théorie de l'irritabilité dont les végétaux sont dépourvus. Mais analogie n'est pas identité, et il demeure que Lamarck, d'une part, retient de la problématique de l'échelle-chaîne l'idée majeure de continuité, voire de linéarité (9), et, d'autre part, la corrèle nécessairement et primitivement avec l'idée d'une marche ; aussi bien celle-ci intègre les attributs mêmes d'une échelle, soit que, désignant le mouvement d'un

(8) Ch. Bonnet, *Contemplation de la Nature,* t. I, partie VI, chap. III, p. 296. L'absence de raison du passage de l'un à l'autre s'il y avait un vide nous semble le témoignage flagrant qu'une histoire est ici insoupçonnée et insoupçonnable. — *Ibid.*, partie II, chap. X. — Egalement *Essai analytique sur les facultés de l'âme,* 1760, chap. XXIV : « La marche de la nature ne se fait point par sauts » ; le thème est ici corrélé à la doctrine de la préformation et vaut pour la croyance en une résurrection, « corps incomparable et glorieux ». Voir in *Traité d'insectologie* (1745) le graphisme de l'échelle des êtres depuis le feu jusqu'à l'homme.

(9) Certes, il est question, p. xviii, « d'interruptions subites » ; mais il s'agit surtout de démontrer que nos normes ne sont pas pertinentes pour enfermer la nature dans une logique. En outre, Lamark répudie (p. xc) la métaphore discontinuiste d'une distribution militaire, en brigades, régiments, bataillons. En cela, il s'inscrit en faux aussi contre la métaphore administrative de Linné par royaume-province-territoire-paroisse-hameau (*Philosophia botanica,* § 155).

sujet, elle s'exécute par une suite de pas, soit que, rapportée à l'ordre concret de l'escalier, elle s'identifie au degré ascendant d'une progression. Toutefois, la représentation de la nature au niveau de la *Flore* reste minimale et peu spécifiée, sinon par le coefficient d'une « multitude de formes », d'une « infinie variété » : dans une nature à schéma de profusion, la marche n'est pas encore réglée, voire ne peut l'être, car la nature est au-delà des codifications ; en l'occurrence, Lamarck y inscrit une « marche libre » — la formule coordonne curieusement une expression anthropomorphique à une affirmation de non-subordination à des normes humaines. La marche de la nature ne se réduit certes pas à un vagabondage, car elle exclut la « confusion » (10) et qu'il s'agit d'un « ordre » ; mais, sans discontinuité, ne risque-t-elle pas de manquer de programme ? En vérité, les *Principes de botanique* qui succèdent au *Discours préliminaire* fixent un but à cette marche : la « fructification », « opération familière de la Nature », explique ainsi l'exubérance de ses productions. Mais, à supposer que Lamarck ne perpétue pas malgré lui le critère sexuel de la distribution linnéenne, il adopte ici une perspective d'économie naturelle classique, car la fécondité-générosité de la nature ne se convertit jamais en une surabondance par une police-sagesse du Créateur, disposant :

« sur *sa route* des obstacles qui resserrent dans de justes bornes l'emploi de ses facultés » (11).

La marche de la nature signifie désormais et encore la planification d'un ordre, et ne laisse présupposer aucune inclination transformiste : à ce moment d'ailleurs, Lamarck admet la fixité de l'espèce. Toutefois, lorsque l'idée évolutionniste aura assuré son statut dans le discours lamarckien, c'est à nouveau la problématique d'une continuité scalaire qui ordonnera la représentation du devenir des formes : l'espèce, produit des circonstances, viendra en effet dévier, mais non dénaturer, une marche qui, elle, persistera à se définir dans le registre d'une gradation de composition des organisations au niveau des "masses" (ordre-famille-classe). Ainsi la structuration transformiste se réinvestit-elle dans la problématique originaire. Ce schéma se constituant progressivement, et non sans oscillations ou incertitudes, voire incohérences, nous

(10) *Flore française*, p. IV.
(11) *Ibid.*, p. 176. C'est nous qui soulignons.

allons analyser les significations et les implications de l'idée de la marche dans la rigoureuse chronologie des œuvres de Lamarck.

L'absence de référence à la « marche de la nature » dans l'article « Classes » du *Dictionnaire de botanique* en date de 1786 (12) ne saurait valoir pour symptomatique d'une rupture dans la pensée lamarckienne ; car, outre qu'il s'agit d'une rubrique et non d'un synopsis comme la *Flore*, le texte offre néanmoins tous les ingrédients théoriques constitutifs de celle-ci : immensité quantitative des êtres, réalisme de l'espèce et, réglant la distribution végétale, la norme de la « série générale », « très différente de celle d'un système » (13). Cette « série graduée des êtres d'un même règne » — mesure maximale de la linéarité dans le lamarckisme — détermine les six « coupes » (classes) (14) comme de vulgaires « points de repos pour l'imagination » : pause délibérée, mais non point solution de continuité. Toutefois, il semble que l'article ajoute deux compléments à la représentation de l'échelle de la *Flore* : il précise en effet la gradation par le critère de perfection (au plan des organes, mais non encore de l'organisation), et situe, voire commence à rectifier le champ de la série par l'exclusion des corps inorganiques — Lamarck n'est pas Bonnet (15) —, corps inorganiques déjà traités d'ailleurs comme de simples décompositions-altérations des « substances ayant fait partie des vivants ». La mise en place d'une certaine chimie est donc commencée, qui entraînera, à notre avis, jusqu'en 1797, voire 1801, une équivoque importante concernant la compréhension de la nature. Les textes conjoints des *Recherches sur les causes des principaux faits physiques* (1794) et des *Mémoires de physique et d'histoire naturelle* (1797) en portent les stigmates.

Dans les premières, l'exclusion réitérée de la formule de la marche, à quoi se substitue l'idée d'une « tendance de la nature », s'avère cette fois nécessaire, car appelée par une notion de la matière que les *Mémoires de physique et d'histoire naturelle* assure-

(12) Le *Dictionnaire de botanique* a paru en 8 volumes de 1783 à 1817. Les tomes I et II, et le troisième en partie, sont dus à Lamarck. L'article « Classes » se trouve au tome II ; il reproduit un *Mémoire* de 1785 « sur les classes les plus convenables à établir parmi les végétaux, et sur l'analogie de leur nombre avec celles déterminées dans le règne animal, ayant égard de part et d'autre à la perfection graduée des organes ».

(13) *Dictionnaire de botanique*, art. cit., p. 29, et article « Familles », p. 449 *in* t. II.

(14) Ces six coupes sont, dans l'ordre de perfection décroissante, les polypétalées, monopétalées, composées, incomplètes, unilobées et cryptogames (*op. cit.*, p. 34).

(15) *Dictionnaire de botanique*, art. cit., p. 34.

ront dans une chimie anté- et anti-lavoisienne. Il nous semble en effet que le discours de 1794, s'il n'assimile pas totalement la nature à la matière — encore que certaines équivalences prêteraient à le croire : la réparation « n'est point dans la nature, c'est-à-dire n'est point dans l'essence de la matière » (16) —, institue entre elles un isomorphisme de propriétés tel qu'il les corrèle quant à leur essence et au niveau phénoménal de leurs manifestations ; l'acheminement au désordre pour la matière correspond à l'exercice d'analyse de la nature :

« La matière n'a aucune tendance possible à la composition... La nature ne tend point à faire des combinaisons... La nature ne forme rien, elle détruit toujours... La nature tend à tout décomposer » (17).

Dans ces conditions, la « tendance », bien qu'elle implique une activité — Lamarck parle des « efforts » de la nature (18) —, reste un terme abstrait, sans connotation de « pouvoir », ni de principe organisant une marche. En contrepoint de ce « dégagement » universel, les *Recherches sur les causes des principaux faits physiques* instituent un vitalisme strict, dans une force vitale « qui contrebalance » la destruction ; la coupure théorique est donc patente, à cette date, entre nature-matière et vie, alors que l'*Histoire naturelle des animaux sans vertèbres* couplera nature et vie ; raison supplémentaire selon nous pour repérer la coalescence-confusion primitive effectuée par Lamarck entre la nature et la matière. De surcroît, ce vitalisme contrapunctique incline notre auteur à la philosophie de Bichat dont, là encore, il se départira par la suite, en l'occurrence avec la *Philosophie zoologique* en 1809 : à la vie-principe, il aura désormais substitué une vie-ordre de choses, et pourra ainsi la réinsérer dans une nature marche et pouvoir de composition (19). Il nous paraît ainsi que l'absence de la formule

(16) *Recherches sur les principaux faits physiques*, p. 286.

(17) *Ibid.*, p. 47-273-356-2.

(18) *Op. cit.*, p. 286.

(19) Certes, les *Recherches sur les causes des principaux faits physiques* (5e partie : « Recherches sur l'origine des composés ») divisent déjà les êtres en « deux classes générales » : ils « diffèrent tellement entre eux à cet égard qu'ils ne sont même nullement comparables : ce sont les êtres doués de la vie et ceux qui en sont dépourvus » (*op. cit.*, vol. 2, p. 285). Mais, sans référence au concept d'organisation, et dans la seule problématique chimique d'une dé-combinaison, la substitution du doublé vivant - non vivant à la trilogie des règnes ne se corrèle pas à la création du terme « biologie » qui sera explicitée en 1802 dans les *Recherches sur l'organisation des corps vivants*. Simple et pur vitalisme à cette date, et non pas encore théorie de la vie, élaboration ultérieure dont le concept de biologie sera le marquage.

« marche de la nature », d'une part est requise par le statut même de celle-ci, mais, d'autre part, confirme notre opinion précédente selon laquelle sa problématique d'origine est bien celle d'une échelle empruntée à l'ordre d'une botanique qui devient ainsi souveraine dans l'architecture du discours lamarckien. Notons enfin ce déplacement de concepts de base, comme un fait dans l'ensemble de l'œuvre lamarckienne, et comme une des conditions requises pour que la marche de la nature se réinscrive dans la théorie. Les *Mémoires de physique et d'histoire naturelle* vont y préparer, mais par un détour et une ambiguïté rhétorique qui laissent le lecteur persuadé que tous les considérants n'ont pas été mis à sa disposition. En effet, cette publication de l'an V (1797) réassume la précédente proposition d'une matière inapte à la combinaison en la renvoyant à une chimie des éléments pourtant périmée, et à une représentation physiciste de l'affinité. Entendons par là que celle-ci n'a pas puissance chimique d'union moléculaire (20), cependant que les éléments-principes, qui répugnent à un « enchaînement » qui les « gêne » n'ont de cesse de s'en dégager : où il est loisible de reconnaître une version perpétuée de l'idéologie du phlogistique (21). Or, ici se nouent de curieuses inférences : si ces éléments, *sponte sua*, sont et tendent à demeurer « libres »,

(20) Ainsi, la fermentation est « une preuve sans réplique que la matière n'a point par elle-même de tendance à la composition » (*Mémoires de physique et d'histoire naturelle*, 4e mémoire, p. 105) : la fermentation étant dissolution, le ferment-solvant aurait-il été emprunté à van Helmont ?

(21) Les *Réflexions sur le phlogistique* (Lavoisier) datent de 1785, et Lamarck avait, quant à lui, publié en 1796 une *Réfutation de la théorie pneumatique*. Sa bibliothèque, en l'occurrence, fait état, parmi les ouvrages qu'il possédait, du *Traité chimique de l'air et du feu* (Scheele, 1787), de l'*Essai sur le phlogistique* (Kirwan, trad. par Mme Lavoisier, 1788), du *Dictionnaire de chimie* (Macquer, 1789). Le statut principiel qu'il confère aux éléments renvoie la chimie de Lamarck au plus près de l'alchimie traditionnelle, et son mode de raisonnement confine à la logique essentialiste scolastique, lorsqu'il affirme qu'il « répugne à la raison qu'un principe ait en lui une tendance à se gêner ». D'autre part, le vocabulaire et le schème dont il use pour se représenter la situation physique de ces éléments, « enchaînés », « forcés de s'éloigner de leur état naturel et de perdre leur liberté » suggèrent métaphoriquement la problématique du *Contrat social* paru en 1762. Le formalisme ou la faiblesse de cette analogie s'atténuerait peut-être par le rappel de la référence explicite, insistante et critique que Lamarck fait à Rousseau dans l'article « Nature » au *Nouveau dictionnaire d'histoire naturelle appliquée aux arts* (Déterville, 1818) : « Plus passionné pour la nature qu'aucune des personnes qui nous sont connues, les circonstances de sa vie ne lui permirent pas de la suivre dans sa marche, de bien saisir ses lois, de s'en instruire suffisamment » (en l'occurrence il s'agit de la condamnation rousseauiste des sciences). La référence sera maintenue dans le *Système analytique des connaissances positives* (1820). Voir plus loin.

c'est donc qu'ils ne se sont pas « enchaînés eux-mêmes », mais l'ont été par « une cause puissante qui leur est étrangère, et continuellement active » (22). Le *Septième Mémoire* enseigne qu'il s'agit d'une cause capable de réparer le désordre, de compenser ou retarder la dissociation, de former et augmenter l'être, en l'occurrence du pouvoir vital, exprimé dans la « faculté remarquable de la nutrition » : ainsi faut-il bien distinguer le « pouvoir de la vie » et la « tendance de la nature » (23). Toutefois, les équivoques subsistent, ou plutôt, en constituant le texte même, en obèrent la cohérence. Nous citons :

« Jamais on n'est parvenu à combiner immédiatement des éléments entre eux, et à former par cette voie un seul composé ; cela est absolument impossible à l'homme ; cela n'est même pas possible à la nature, considérée simplement en elle-même, *abstraction faite* de la cause particulière de la formation des composés » (24).

Cette abstraction est-elle possible ? est-elle légitime ? Au « penchant » qu'a tout élément à se dégager, il faut rapporter « ce pouvoir destructeur que j'attribue, *en un sens figuré*, à la nature » (25). Enfin, et toujours eu égard à la « *tendance ou sorte d'acheminement* continuel vers la destruction », Lamarck se déclare « étonné de cette marche constante de la nature vers un but opposé à celui qu'il semble qu'elle *devrait* avoir » (26). La formule est donc réintroduite, mais dans une conjonction à un vecteur lui-même affecté d'un signe axiologique dont la justification échappe au lecteur. Et si l'on se souvient que les *Mémoires* s'achèvent sur une théorie des vivants, ce qui date sa première émergence textuelle (27), l'ouvrage de 1797 nous apparaît simultanément comme décisif dans la démarche lamarckienne et comme équivoque dans son interprétation. Faudrait-il aller jusqu'à dire que c'est l'archaïsme de sa doctrine chimique qui, en lui faisant reporter sur le vivant tout pouvoir de synthèse et de formation, aura finalement permis à Lamarck de construire et une nouvelle représentation de la vie et la première théorie de l'évolution ? Ce serait, à notre avis,

(22) *Mémoires de physique et d'histoire naturelle*, p. 101.

(23) *Ibid.*, p. 249.

(24) *Ibid.*, p. 240.

(25) *Ibid.*, p. 243.

(26) *Ibid.*, p. 90 et 243.

(27) Dès ce moment, Lamarck abandonne le « principe vital » : la vie, c'est « le mouvement qui résulte, dans les parties, de l'exécution des fonctions des organes essentiels » (*Mémoires de physique et d'histoire naturelle*, p. 250).

méconnaître le rôle heuristique de la géologie et de l'anatomie comparée des invertébrés.

Ces deux savoirs articulent en effet les deux œuvres, déterminantes pour l'histoire de la doctrine lamarckienne et le sens de la marche de la nature, que sont le *Système des animaux sans vertèbres* (1801) et l'*Hydrogéologie* (1802). Depuis la transformation par un décret de la Convention en date du 10 juin 1793 du Jardin du Roi en Museum national d'Histoire naturelle, Lamarck a été chargé des « animaux inférieurs », c'est-à-dire, d'après le critère de Linné, des insectes et des vers : tout est à faire, car

« l'étude de ces animaux fut longtemps négligée tant on était éloigné de soupçonner le grand intérêt qu'elle pouvait offrir » (28),

à commencer par Lamarck lui-même, novice en la matière. Un temps de maturation est donc nécessaire, qui sépare le *Système des animaux sans vertèbres* des précédents *Mémoires*. Ce *Système des animaux sans vertèbres* est, selon l'habitude lamarckienne, précédé d'un *Discours d'ouverture*, prononcé le 21 floréal an VIII, c'est-à-dire le 11 mai 1800. Ici, les dates sont cruciales pour l'analyse de la marche de la nature. Le critique Marcel Landrieu fait en effet état d'un mémoire non publié, intitulé *Sur les fossiles et l'influence du mouvement des eaux, considérés comme indices du déplacement continuel du bassin des mers et de son transport dans différents points du globe :* il a été lu à la date du 9 février 1799 (29). Ce mémoire aurait ensuite formé une partie de l'*Hydrogéologie* de 1802, après avoir fourni la base du texte « Sur les fossiles » donné en 1801 en appendice du *Système des animaux sans vertèbres*. Or le traitement des fossiles qui y est proposé (et que le titre de 1799 souligne) est moins de nature paléontologique que stratigraphique : ils valent pour « indices » décisifs dans une théorie de la terre ; le *Prodrome d'une nouvelle classification des coquilles*, du 21 frimaire an VII, c'est-à-dire du 11 décembre 1798, l'avait déjà suggéré :

« Les conséquences que l'on pourra tirer de ces déterminations sont... d'un grand intérêt... surtout pour la théorie du globe que nous habitons » (30).

(28) *Philosophie zoologique*, I, 1re partie, p. 8.

(29) Dans l'appendice « Sur les fossiles » (*Système des animaux sans vertèbres*, p. 406, n. 1), LAMARCK donne un titre légèrement différent : *De l'influence du mouvement des eaux sur la surface du globe terrestre, et des indices du déplacement continuel du bassin des mers*. Mais il s'agit toujours du même ouvrage, selon nous : le fossile n'est là que comme « monument » dans une théorie de la terre.

(30) Cité par M. LANDRIEU, *Lamarck, le fondateur du transformisme* (1909), p. 293.

Si donc l'on réunit — la proximité des dates l'autorise : 9 Février 1799 ; 11 mai 1800 — le mémoire « sur les fossiles » et le *Discours d'ouverture* du *Système des animaux sans vertèbres*, on aura, selon nous, situé au plus près le moment et les conditions de la théorie transformiste, et de surcroît — mais les problèmes sont connexes — les composantes et l'infléchissement sémantique de la notion de la marche de la nature. Nous proposerons donc désormais une lecture coordonnée du *Système des animaux sans vertèbres* et de l'*Hydrogéologie*. D'ailleurs, en un premier niveau, ces textes se rejoignent dans le dénominateur commun qu'est la répudiation du catastrophisme :

> « Ce bouleversement universel qui ne régularise rien, confond et disperse tout, est un moyen commode pour des naturalistes qui ne prennent pas la peine d'étudier la marche que suit la nature à l'égard de ses productions ».

Cet extrait de l'appendice « sur les fossiles » (31) se redouble dans l'*Hydrogéologie* par l'affirmation d'une lente dégradation de la croûte externe du globe sous « l'action insensible, continuelle » des eaux douces, qui, par leur érosion, forment bassins et dénivellations montagneuses :

> « Conclura-t-on qu'il y a eu nécessairement une catastrophe universelle, un bouleversement général qui y a donné lieu ? Ce moyen, si commode pour ceux des naturalistes qui veulent expliquer tous les faits de ce genre sans prendre la peine d'observer et d'étudier la marche que suit la Nature, n'est point ici nécessaire » (32).
>
> « Cette marche est celle de la Nature, celle de ses *moyens connus* et de ses facultés » (33).

Or la dernière proposition s'inscrit, à l'évidence, dans la problématique de l'actualisme uniformitarien que John Hutton avait formulé en 1788 dans sa *Theory of the Earth*, cependant que, la même année que l'*Hydrogéologie*, paraissaient les *Illustrations of the Huttonian Theory* de J. Playfair, et que, dès 1787, Werner avait fondé l'école neptunienne, non catastrophiste en général, et à quoi la géologie lamarckienne se rattache pour l'essentiel (34).

(31) *Système des animaux sans vertèbres*, p. 407

(32) *Hydrogéologie*, chap. I, p. 22.

(33) *Ibid.*, p. 14.

(34) Le mémoire de WERNER, *Kurze Classification und Beschreibung der verschiedenen Gebirgsarten* a paru en 1787. On peut aussi admettre que son disciple J.-C. DELAMÉTHERIE inclinait à l'actualisme : sa *Théorie de la Terre* datait de 1797 et Lamarck en possédait un exemplaire dans sa bibliothèque.

La conjugaison des causes lentes et des causes identiques dans le passé à celles actuelles rendait possible et justifiait de déduire une histoire de la Terre à partir d'un constat contemporain (ses « moyens connus »). A l'inverse, le catastrophisme infirmait cette méthodologie, et Georges Cuvier d'écrire en 1826 dans le *Discours sur les Révolutions du globe* :

« On a cru longtemps pouvoir expliquer, par les causes actuelles, les révolutions antérieures, comme on explique aisément dans l'histoire politique les événements passés, quand on connaît bien les passions et les intrigues de nos jours. Mais nous allons voir que malheureusement, il n'en est pas ainsi dans l'histoire physique : le fil des opérations est rompu ; la marche de la nature est changée, et aucun des agents qu'elle emploie aujourd'hui ne lui aurait suffi pour produire ses anciens ouvrages » (35).

Le recours, voire le privilège accordé par Cuvier aux os fossiles des quadrupèdes pour attester l'existence et l'ampleur des révolutions terrestres induit ici l'idée que la circonscription du matériel d'étude a pu être déterminante dans les élaborations théoriques puisque *a contrario*, la marche lamarckienne de la nature corrèle l'uniformité à l'état des coquilles, c'est-à-dire à l'ordre des invertébrés. Le transformisme est désormais déclaré : problématisé par la régularité de la marche de la nature, le rejet de l'idée des espèces anéanties ou définitivement perdues implique en effet, comme substitut du fixisme catastrophiste, l'hypothèse de leurs modifications (36). La rupture en matière d'espèce est donc consommée par l'intermédiaire d'un concept intégré à la théorie uniformitarienne. Il faut cependant noter — l'histoire des sciences est rarement linéaire — que les prémisses géologiques n'induisaient pas nécessairement ces conclusions dans l'ordre biologique ; en stricte logique même, elles risquaient de les invalider, sinon de les rendre impossibles, car l'identité des causes actuelles et passées pouvait se traduire par l'affirmation d'une immutabilité ; et, de fait, après le moment lamarckien, on a pu, soit se satisfaire de cette idée d'une marche sans en inférer des conséquences dans une distribution

(35) CUVIER, *Discours sur les Révolutions du globe*, p. 27-28.

(36) « Cela ne prouve nullement que les espèces de ces coquilles soient anéanties, mais seulement que ces espèces ont changé à la suite des temps et qu'actuellement, elles ont des formes différentes de celles qu'avaient les individus dont nous retrouvons les dépouilles fossiles » (*Système des animaux sans vertèbres*, « Sur les fossiles », p. 409).

des vivants : c'est le cas de N. Desmarest, qui, en 1806, se limite à rappeler que

« tout ceci, quoique incomplet, fait voir que la nature a été assujettie dans les éruptions des volcans à la même marche dans les siècles les plus reculés comme dans les temps les plus modernes » (37) ;

soit, dans le cadre du « progressionnisme », on a accepté l'idée d'une « marche de la vie », ainsi s'exprime William Buckland en 1836, mais, pour autant, cette marche « n'implique nullement la transmutation comme l'a affirmé Lamarck » (38) ; soit, enfin — et c'est le cas de Ch. Lyell en 1830 dans les *Principles of Geology* — on a nié le transformisme lamarckien et toute idée d'un perfectionnement progressif dans le cadre d'un uniformitarisme strict (39). Lyell, pourtant, se convertira au darwinisme lorsqu'il aura abandonné la radicalité de son actualisme, et dans *The Antiquity of Man* (1863), il avouera qu'il avait mal apprécié l'extrême lenteur des changements géologiques. Ainsi le concept d'une marche de la nature, aligné à une théorie de la Terre, reste éminemment équivoque,

(37) N. Desmarest, Mémoire sur la détermination des trois époques de la nature, in *Mémoires de l'Institut des Sciences, Lettres et Arts - Sciences math. et phys.*, t. VI, 1806, p. 223. « Les résultats des dernières opérations de la nature sont plus simples, et on y reconnaît plus aisément les agents lorsque les traces de leur marche y sont plus sensibles » (*ibid.*, p. 224).

(38) W. Buckland, *La géologie et la minéralogie dans leurs rapports avec la théologie naturelle*, chap. XV, section III, trad. L. Doyère, 1838, p. 273 et 515. L'ouvrage est à rattacher à la série des *Bridgewater Treatises* (W. Kirby - H. Miller - Ch. Babbage - Th. Chalmers, etc.).

(39) « La marche suivie par l'Auteur de la Nature dans la création et la distribution des êtres organisés est la même à présent que jadis », Ch. Lyell, *Principes de géologie*, 6e éd., 1843, livre X, chap. IX, p. 365. De ce principe uniformitarien, Lyell induira le refus de toute solution de continuité entre l'animal et l'homme : « Ce serait, en vérité, pousser l'analogie trop au-delà des limites qu'il est raisonnable d'admettre que de regarder... un tel saut comme pouvant s'accorder avec la marche régulière des changements qui s'opèrent dans le règne animal » (*op. cit.*, p. 402). — Chambers, quant à lui, en 1844, dans les *Vestiges of the Natural History of Creation*, admettra une marche de perfectionnement graduel, en stricte corrélation — parallélisme et non causalité — avec les conditions physiques : « In short, we see everywhere throughout the geological history, strong traces of a parallel *advance* of the physical conditions and the organic forms. » Le terme anglais *advance* signifie à la fois marche et progrès. La métaphore des « pas » (« both were developed in parallel steps ») que le texte ajoute plus loin (p. 223) pourrait recueillir, dans la tradition des *Bridgewater Treatises*, l'idée des empreintes signatures du Créateur *(Footprints of the Creation)*. D'ailleurs, l'hypothèse d'une marche-développement n'est pas homogène au transformisme lamarckien : aussi bien Chambers élimine-t-il la « ridicule » suggestion d'un progrès référé aux besoins organiques — a-t-il bien lu Lamarck ? — pour en faire la résultante d'une loi « générative », à modèle embryologique, impliquant de surcroît une téléologie transcendante (p. 230 à 234).

et pourtant, dans le système lamarckien à dater de 1801, il est le lieu d'une rupture : peut-être Lamarck n'a-t-il retenu de l'uniformitarisme que le minimum essentiel, à savoir régularité, lenteur, continuité (ce dernier caractère étant déjà acquis et corroboré par les recherches botaniques précédentes) ; mais c'est aussi, nous semble-t-il, que le *Système des animaux sans vertèbres* vient de lui donner les moyens, par une théorie de la vie, de rassembler les notions éparses, et de composer définitivement la marche de la nature dans une histoire du vivant.

C'est en effet la dégradation dans la composition de l'organisation — le terme est introduit ici pour la première fois dans la doctrine lamarckienne, car il y est désormais pertinent et opératoire (40) —, dégradation manifestée par les animaux sans vertèbres, qui induit la représentation et le schéma d'une marche historicisée :

« Ces singuliers animaux... nous conduisent insensiblement au terme inconcevable de l'animalisation, c'est-à-dire celui où sont placés les animaux les plus imparfaits, les plus simplement organisés..., ceux peut-être par lesquels la nature a commencé lorsque, avec du temps et des circonstances favorables, elle a formé tous les autres » (41) ;

et, un peu plus loin :

« Cet ordre que je viens simplement d'indiquer dans le règne animal, montrant évidemment une diminution graduée de la composition de l'organisation fait pressentir la marche qu'a tenue la nature dans la formation de tous les êtres vivants » (42).

Il suffira d'inverser le parcours pour que la marche, désormais associée à la « formation », devienne le vecteur d'une histoire, en réglant, par le développement et le progrès des fonctions, des organes et des facultés, la série graduée des vivants et des morts. La problématique de l'échelle est maintenant retrouvée, imposée

(40) Les *Leçons d'anatomie comparée* de Cuvier datent de l'an VIII. Dans le *Système des animaux sans vertèbres*, l'organisation se caractérise par le pouvoir d'autocomposition du vivant : d'où l'intérêt théorique du simple représenté par la catégorie de l'animal sans vertèbres, pourvu d'une vie minimale et totale. L'ouvrage suivant, *Recherches sur l'organisation des corps vivants*, inscrira le concept dans l'intitulé même. La *Philosophie zoologique* en donnera une définition exhaustive par l'individualité dans la masse, l'hétérogénéité et la dépendance des parties (I, 2e partie, chap. I, p. 378 à 381).

(41) *Système des animaux sans vertèbres*, Discours d'ouverture, p. 11-12.

(42) *Ibid.*, p. 15.

dans l'investissement d'une signification généalogique et la pluralisation au niveau des taxons spécifiques et génériques :

« Par cette gradation nuancée dans la complication de l'organisation, je n'entends point parler de l'existence d'une série linéaire, régulière dans les intervalles des espèces et des genres : une pareille série n'existe pas ; mais je parle d'une série presque régulièrement graduée dans les masses principales, telles que les grandes familles ; série bien assurément existante, soit parmi les animaux, soit parmi les végétaux ; mais qui dans la considération des genres et surtout des espèces, forme en beaucoup d'endroits des ramifications latérales, dont les extrémités offrent des points véritablement isolés... Toute distribution qui s'éloigne de ce principe me paraît fautive, car elle ne peut être conforme à la marche de la nature » (43).

Et Lamarck stigmatise à nouveau l'image du réseau : en quoi il réitère sa critique originaire de la taxinomie (44). L'irrégularité de l'échelle des êtres ne saurait donc être tenue pour l'équivalent cuviériste de l'éclatement en quatre embranchements, même si Lamarck accorde l'idée de « systèmes d'organisation » ; la ramification ne rompt pas la continuité générale qui fonde la progression évidente des « masses ». Certes, les circonstances, qui restent de l'ordre d'une description plus que d'une théorisation, ne sont pas encore estimées, quant à leur efficacité, dans ces niveaux de l'espèce et du genre ; certes, il n'est pas encore question du « pouvoir de la nature », mais le *Discours préliminaire* traite de ses productions ; et l'on sait quelle importance « positive » la *Philosophie zoologique* accordera au terme dans le commentaire qu'elle lui consacre en référence aux « actes de la Nature » (45) ; certes, la corrélation n'est pas encore établie entre un point de vue physiologique et la « puissance » de la nature, mais le texte signale le primat, sur une morphologie d'organes, des besoins et des habitudes ; certes, le terme « biologie » n'est pas inventé, mais la dichotomie du vivant

(43) *Ibid.*, p. 16 à 18.

(44) « Plusieurs naturalistes s'étant aperçus de l'isolation plus ou moins remarquable de beaucoup d'espèces, de certains genres et même de quelques petites familles se sont imaginés que les êtres vivants, dans l'un ou l'autre règne, s'avoisinaient ou s'éloignaient entre eux, relativement à leurs rapports naturels, dans une disposition semblable aux différents points d'une carte de géographie ou d'une mappemonde... Cette idée est une erreur qui, sans doute, se dissipera dès qu'on aura des connaissances plus profondes et plus générales de l'organisation des corps vivants » (*Système des animaux sans vertèbres*, Discours d'ouverture, p. 17, n. 1. Le passage est reproduit quasi textuellement in *Philosophie zoologique*, I, 1re partie, chap. V, p. 106-107).

(45) *Philosophie zoologique*, I, 1re partie, chap. IV, p. 90, et II, 2e partie, chap. VI, p. 69.

et du non-vivant fonctionne, au-delà d'un chimisme, dans la découverte du pouvoir d'autocomposition, au niveau le plus simple, en deçà de l'irritabilité, de la sensibilité et de la volonté. Une théorie de la vie sous-tend désormais une marche de la nature qui l'exprime (46). D'ailleurs les *Recherches sur l'organisation des corps vivants* paraissent une année après le *Système des animaux sans vertèbres* (47), et sur tous ces thèmes seront plus explicites ; mais il faut aussi convenir qu'ils seront plus équivoques.

« Remontez du simple au composé ; élevez-vous le long de l'échelle jusqu'à l'animal le plus riche en organisation ; conservez l'ordre des rapports dans les masses : vous tiendrez le fil qui lie toutes les productions de la nature, vous aurez une juste idée de sa marche » (48).

Au risque d'opérer une redondance, nous avons cité ce passage des *Recherches sur l'organisation des corps vivants* parce que nous l'estimons complet en ce qui concerne la composition et le sens du concept de marche de la nature. Le vecteur de celle-ci y est pour la première fois explicité, et il lui confère le statut d'une histoire (49) ; l'action de marcher, qui implique la connexion d'une distance et d'une durée, unifie en conséquence taxinomie et généalogie, l'écart des organisations devenu désormais le signe du moment de leur formation ; la métaphore du « fil », par l'allusion directe au « fil » rompu de Cuvier, rappelle efficacement l'implant géologique de la notion, cependant que le progrès du simple au composé caractérise les modalités de la marche et garantit la validité d'une échelle structurée ; le caractère actif de la nature y est impliqué nécessairement en fonction même du concept d'organisation qui définit désormais le vivant. Toutefois, la marche de la nature paraît y cumuler deux registres, car elle désigne indifférem-

(46) « Ne devais-je pas penser que la nature avait successivement produit les différents corps de la vie, en procédant du plus simple vers le plus composé ?... Cette pensée, d'ailleurs, acquit à mes yeux le plus grand degré d'évidence lorsque je reconnus que la plus simple de toutes les organisations n'offrait aucun organe quelconque » (*Philosophie zoologique*, I, Avertissement, p. II et III).

(47) Les *Recherches sur l'organisation des corps vivants* incluent la naissance textuelle du concept de « biologie », p. VI.

(48) *Recherches sur l'organisation des corps vivants*, p. 37.

(49) « Qui est-ce qui contestera la vérité de ce tableau qui présente la marche que suit l'organisation depuis les animaux les plus imparfaits jusqu'aux plus parfaits ? Qui est-ce qui ne verra pas que c'est là l'histoire des faits d'organisation qui s'observent à l'égard des animaux considérés, dans cette progression de leur série, du plus simple au plus composé ? » (*Histoire naturelle des animaux sans vertèbres*, I, Introduction, p. 184).

ment l'ordre de composition ou l'influence des circonstances (50) ; en l'occurrence, si cette dernière assure la diversification des organes et des êtres eu égard à la diversité même des situations (51), il semble bien que le pouvoir de composition ait également vocation à cette expansion (52), où l'on se risquerait à reconnaître la profusion naturelle dont traitait la *Flore* :

« Toutes les formes, toutes les facultés et tous les modes ont été épuisés dans la formation et la composition de cette immense quantité de productions qui existent » (53).

Les deux procédés, encore mal situés dans leurs attributions respectives, se chevauchent ou se juxtaposent, quand ils ne s'équivalent pas dans leur dénomination. De surcroît, cette diversité commence à se déchiffrer comme l'insertion d'une « irrégularité » dans la marche du perfectionnement des organes : la ramification s'affecte ou s'infecte d'une estimation de valeur.

La tendance (ou la tentation ?) ira croissant, nous semble-t-il, de la *Philosophie zoologique* à l'*Histoire naturelle des animaux sans vertèbres*. Les grands thèmes sont désormais assurés et repris, d'ailleurs sans toujours lever certaines ambiguïtés ; et la fréquence de l'expression « marche de la nature » s'est convertie en une répé-

(50) « Ces vérités » (c'est-à-dire les influences des climats, lieux, habitudes qui étendent les facultés et les fortifient par l'usage)... « indiquent la marche de la nature dans la diversité de ses productions » (*Recherches sur l'organisation des corps vivants*, p. 53). — « Et comme dans l'instant je viens de faire voir qu'il existe parmi les animaux un ordre fortement prononcé, montrant la diminution graduée dans la composition de l'organisation..., qui est-ce qui ne pressent maintenant la marche qu'a tenue la nature dans la formation de ces êtres vivants ? » (*ibid.*, p. 64). — Cf. aussi *Philosophie zoologique*, I, 1re partie, chap. VII, p. 238-239.

(51) « On aperçoit en effet que l'extrême multiplicité de ces ressources naît elle-même de la diversité inexprimable des situations et des circonstances qui, dans tous les points du globe, influent avec le temps sur chaque corps doué de la vie... Cette diversité dans les formes, dans le nombre et le développement des organes ainsi que des facultés est si considérable qu'il semble que tout ce qu'il est possible d'imaginer ait effectivement lieu » (*Recherches sur l'organisation des corps vivants*, p. 51) : où se marque le lieu de l'irréductibilité Lamarck-Cuvier ; pour celui-ci existent des compossibilités et des impossibilités de corrélations.

(52) « La nature crée elle-même les premiers traits de l'organisation..., et ensuite l'usage de la vie développe et compose les organes » (*op. cit.*, p. 92). — « L'effet direct de la durée de la vie tend toujours à composer l'organisation et celui de l'exercice des facultés de chaque organe tend sans cesse à les développer, à les perfectionner et à en augmenter l'étendue » (*op. cit.*, p. 123)

(53) *Recherches sur l'organisation des corps vivants*, p. 51. Cf. note 51. Nous suggérons une lecture comparée des articles respectivement consacrés à la nature par Lamarck in *Nouveau Dictionnaire d'histoire naturelle appliquée aux arts* (Déterville, 1818, t. XXII), et par Cuvier in *Dictionnaire d'histoire naturelle*, 1825.

tition quasi monotone. Il ne sera donc ici question, pour achever l'analyse du concept lamarckien, que de ce que nous proposons d'appeler la dichotomisation de l'histoire des vivants.

« La nature a réellement formé, dans chacun de ces règnes (animal-végétal) une véritable échelle, relativement à la composition croissante de l'organisation de ces êtres vivants ; mais cette échelle n'offre des degrés saisissables que dans les masses principales de la série générale, et non dans les espèces, ni même dans les genres : la raison de cette particularité vient de ce que l'extrême diversité des circonstances dans lesquelles se trouvent les différentes races d'animaux et de végétaux n'est point en rapport avec la composition croissante de l'organisation parmi eux ; et qu'elle fait naître dans les formes et les caractères extérieurs, des anomalies ou des espèces d'écarts que la composition croissante de l'organisation n'aurait pas seule occasionnées » (54).

L'écart et l'anomalie ne se définissent que par le rapport à une norme ou à une normalité : à l'évidence, le pouvoir vital d'organisation et de progression ; la disjonction des circonstances et du pouvoir transcrit dans la marche de la nature résout ainsi la confusion des *Recherches sur l'organisation des corps vivants*. Mais elle se complète par l'affirmation d'une prééminence :

« La cause qui compose progressivement l'organisation a dû éprouver diverses variations dans ses produits, parce que ces produits sont souvent dans le cas d'être changés par une cause étrangère qui agit sur eux avec une puissante efficacité... La nature se trouve forcée de soumettre ses opérations aux influences des circonstances qui agissent sur elle (55)... On s'est autorisé de ces anomalies pour rejeter la progression évidente, et pour refuser de reconnaître la marche que suit la nature dans la production des corps vivants. Cependant, malgré les écarts apparents que je viens d'indiquer, le plan général de la nature et sa marche uniforme dans ses opérations sont encore très faciles à distinguer » (56).

Marche « uniforme » : la reprise de l'argument géologique inciterait à traiter les écarts comme les quasi-substituts des bouleversements — locaux et ne parvenant pas à perturber la nappe de gradation et de régularité. L'actualisme fait ainsi sa jonction épistémologique, et avec l'échelle des êtres, et avec une théorie

(54) *Philosophie zoologique*, I, 1re partie, chap. V, p. 107.

(55) Il semblerait donc ici que le pouvoir de composition soit subordonné à, ou à tout le moins, tributaire des circonstances : ambiguïté de la doctrine, voire fluctuations théoriques. En tout état de cause, à ce point, le champ d'efficience des circonstances paraît maximal, d'autant qu'elles influent aussi sur « les parties internes des animaux ». Voir aussi le *Système analytique des connaissances positives* (1820).

(56) *Philosophie zoologique*, I, 1re partie, chap. VI, p. 132-133-135.

de la vie, support de la progression (57) : de même que le présent est la clé du passé en stratigraphie, de même la distribution d'anatomie comparée et l'investigation des propriétés du vivant en tant que tel permettent de déduire l'histoire des formes biologiques ; où l'histoire de la vie et la vie se confondent ; la physiologie y devient le modèle de l'évolution. Parce que la vie s'entend comme une suite de mouvements organiques, la genèse des vivants s'identifie à l'histoire de la composition de ces mouvements ; parce que la vie trouve, dans et dès l'organisation la plus simple, des conditions, réduites mais complètes, d'existence, la genèse des vivants s'identifie à celle de la complexification des fonctions. Ainsi, par l'équivalence du simple, de l'originel et du total, la philosophie biologique de Lamarck procède de la propriété vitale élémentaire à l'histoire de la vie dans la série progressive des organisations. La phylogenèse s'y lit alors comme la projection dans le temps de la dynamique vitale originaire plus encore que comme une descendance modifiée ou une filiation affirmée à travers ou par des circonstances dont il faudrait, à la limite, se demander si et à quel prix elles dépassent réellement le statut d'occasions, voire d'incidents de parcours.

L'*Histoire naturelle des animaux sans vertèbres* accomplira en effet le partage des pouvoirs et achèvera le parallélisme en le trai-

(57) L'actualisme nous paraît impliquer, et ce dans une corrélation nécessaire, une méthodologie de rétrospection — on peut déduire le passé du présent — et une théorie historique — l'inversion de la méthodologie délivre l'ordre naturel de formation. Ordre de connaissance donc et ordre de production sont ainsi indissociables, à telle enseigne que la « marche de la nature » trouve, dans le lamarckisme, une transposition gnoséologique, taxinomique et heuristique (cf. *Système des animaux sans vertèbres*, p. 15 : voir n. 42 et texte correspondant). Dans ces conditions, la méthode ne s'élabore ni ne fonctionne dans le cadre des itérations du connu à l'inconnu, auxquelles se réduit par exemple la discussion d'Augustin-Pyramus de Candolle dans la *Théorie élémentaire de la botanique* (1813 — rappelons qu'il a été le collaborateur de la 3e édition en 1805 de la *Flore française*) : ainsi se justifierait le fait que la seule « marche » dont il y soit question, s'agissant de « la distance respective ou de la disposition générale des êtres dans le plan de la nature » soit celle, pédagogique, d'un procédé sans implication théorique. Signe donc redoublé de l'importance de la géologie actualiste dans la pensée lamarckienne. Et confirmation pourrait, *a posteriori*, en être fournie par le travail du géologue N. Desmarest (voir ci-dessus) : démarche analytique à partir de l'état contemporain des volcans (« la dernière et récente époque ») jusqu'au vulcanisme primitif (« 1re et ancienne époque ») ; après quoi, « ayant exposé les diverses circonstances où se trouvent les produits du feu dans chaque époque, et indiqué la distinction de ces époques et leur succession suivant l'ordre analytique que j'ai adopté dans mes recherches, je puis renverser cet ordre, et reprendre ces époques pour les considérer de nouveau, suivant la succession naturelle des temps » (*op. cit.*, 1806, p. 235).

tant comme une hiérarchie ; en réponse à la première des *Leçons d'anatomie comparée* de Cuvier (1800) qui arguait de l'infinité du jeu des combinaisons possibles au cas où l'on admettrait la dégradation des organes, Lamarck stigmatise la méconnaissance d'une dualité de causation dans le devenir des vivants.

« Le plan des opérations de la nature à l'égard de la production des animaux est clairement indiqué par cette cause *première et prédominante* qui donne à la vie animale le pouvoir de composer progressivement l'organisation, et de compliquer et perfectionner graduellement, non seulement l'organisation dans son ensemble, mais encore chaque système d'organes particuliers... Mais une cause étrangère à celle-ci, cause *accidentelle* et par conséquent variable, a traversé çà et là l'exécution de ce plan, sans néanmoins le détruire. Cette cause, effectivement, a donné lieu, soit aux lacunes réelles de la série, soit aux rameaux finis qui en proviennent dans divers points et en altèrent la simplicité, soit, enfin, aux anomalies qu'on observe parmi les systèmes d'organes particuliers des différentes organisations » (58).

L'entomologiste Latreille avait, en 1810, concédé la première opération, en écrivant dans ses *Considérations générales sur l'ordre naturel des animaux* :

« Il faut prendre une autre marche, celle que la nature nous indique dans la progression successive des êtres qui composent les classes supérieures » (59).

Lamarck, quant à lui, parce qu'il explique la ramification par l'implant des circonstances, parce qu'il perçoit cette rencontre comme une obliquité par rapport à un axe de progression, et parce qu'il a assigné à cette déviance une résorption nécessaire dans l'ordre sériel, démontre enfin qu'il n'a jamais cessé de penser dans la problématique première de l'échelle des êtres. Désormais, la nature a reçu toutes ses caractéristiques de « puissance » (60), et

(58) *Histoire naturelle des animaux sans vertèbres*, I, Introduction, p. 133. — *Ibid.*, p. 160 et 164 : « Qui ne voit que, malgré les anomalies diverses, provenues de la cause citée, la progression dans la composition de l'organisation animale ne s'en est pas moins exécutée d'une manière très remarquable, et qu'elle indique clairement la marche des opérations de la nature à l'égard des animaux. » — Comparer avec n. 55.

(59) Latreille, *Considérations générales sur l'ordre naturel des animaux*, p. 43.

(60) *Histoire naturelle des animaux sans vertèbres* : « Pouvons-nous donc méconnaître l'existence d'un pouvoir général, toujours agissant, toujours opérant des produits manifestes en changement, en formation et en destruction des corps ? » (Introduction, p. 309). — *Philosophie zoologique*, I, 2e partie, Introduction, p. 360-361 : « Il règne continuellement dans tout ce qui constitue la Nature une activité puissante. » Egalement, article « Nature », in *Nouveau Dictionnaire d'histoire naturelle appliquée aux arts*, dont la majeure partie est reprise à l'*Histoire naturelle des animaux sans vertèbres*.

conséquemment, sa marche a acquis la fonction d'un principe heuristique, à telle enseigne qu'elle tranchera sur la question de l'irritabilité végétale, ou de la distribution du système nerveux le long de l'échelle (61). Mais, selon nous, elle vaudra plus encore pour l'idéologie qu'elle véhicule :

> « Tout ce qui paraît désordre, renversement, anomalie rentre sans cesse dans l'ordre général, et même y concourt ; et partout et toujours, la volonté du sublime Auteur de la nature et de tout ce qui existe est invariablement exécutée » (62).

Car enfin l'homme, s'il n'est pas la fin visée par la marche de la nature, n'en demeure pas moins, dans la théorie lamarckienne, la mesure de la dégradation des organisations :

> « On est si éloigné de saisir les véritables idées que l'on doit se former sur la nature et l'état des animaux, que plusieurs zoologistes prétendant que tous ces corps vivants sont également parfaits chacun dans leur espèce, les mots *animaux parfaits* ou *animaux imparfaits* leur paraissent ridicules ! comme si, par ces mots, l'on n'entendait pas exprimer ceux des animaux qui, par le nombre, la puissance et l'éminence de leurs facultés, se rapprochent en quelque sorte de l'homme, ou désigner ceux qui, par les bornes extrêmes du peu de facultés qu'ils possèdent, s'éloignent infiniment du terme de perfection organique dont l'homme offre l'exemple ! Qui ne sait que, dans l'état d'organisation où il se trouve, tout corps vivant, quel qu'il soit, est un être réellement parfait, c'est-à-dire un être à qui il ne manque rien de ce qui lui est nécessaire !, mais la nature ayant composé de plus en plus l'organisation animale, et par là, étant parvenue à douer ceux des animaux qui possèdent l'organisation la plus compliquée, de facultés plus nombreuses et plus éminentes, on peut voir dans le terme de ses efforts une perfection dont s'éloignent graduellement les animaux qui ne l'ont pas obtenue » (63).

L'idée même d'une marche de la nature ne décèle-t-elle pas constamment la garantie d'une orientation et d'un continuisme où d'aucuns ont pu saisir les signes d'une Sagesse sécurisante? La méditation philosophico-naturaliste de Robinet en portera témoignage.

Cependant, si la formule de la marche naissait avec la première œuvre de Lamarck, elle disparaît — au moins dans le moment des

(61) *Histoire naturelle des végétaux*, 1803, p. 261 : une 4e classe, celle des « plantes incomplètes » devra être instituée — en cela, Lamarck se sépare de Jussieu — « à moins qu'on abandonne le principe de suivre la marche de la Nature ». — *Philosophie zoologique*, 3e partie, chap. I, p. 227-228. Egalement, in *Système analytique des connaissances positives* (p. 120), la marche de la nature infirme l'hypothèse de la préexistence des germes.

(62) *Philosophie zoologique*, I, 1re partie, chap. IV, p. 101.

(63) *Histoire naturelle des animaux sans vertèbres*, I, Introduction, p. 138, n. 1.

considérations biologiques — de la dernière : le *Système analytique des connaissances positives* (1820) en a gommé le terme. Aussi bien, parce que cet ouvrage, plus que tout autre, pose le problème, et de la cohérence du discours, et de la nature du transformisme lamarckiens, il devient urgent de s'interroger sur cette réduction d'écriture : de mot ou de concept ? A cette fin, nous avons choisi de faire le commentaire du passage sans doute le plus ambigu.

« Quant à la question de savoir quels sont les moyens que possède la nature pour exécuter ses productions, et surtout quelle est la réunion des causes qui lui a donné le pouvoir d'amener tous les animaux à l'état où nous les voyons, nous croyons en avoir donné la solution en disant que la nature, puissance toujours active, partout soumise à des lois, n'agissant que progressivement dans tout ce qu'elle exécute à l'égard des corps organisés, tendant sans cesse à composer et à compliquer l'organisation, et commençant toujours par le plus simple pour arriver au plus composé où elle puisse parvenir, que la nature dis-je, a pu, à l'aide de ces moyens et du type animal dont elle s'est servie, produire tous les animaux que nous connaissons. Cependant, si nous nous en tenions à ces considérations, la cause la plus influente sur tout ce que fait la nature, celle même qui seule peut rendre raison de tout ce qu'elle a pu produire serait oubliée. En effet, une cause dont la puissance est absolue, supérieure même à la nature, puisqu'elle régit tous ses actes, et dont l'empire embrasse toutes les parties de son domaine, ne saurait être passée sous silence. Cette cause réside dans le pouvoir qu'ont les circonstances de modifier toutes les opérations de la nature, de forcer cette dernière à changer continuellement les lois qu'elle eût employées sans elles, et de déterminer généralement la nature de chacun de ses produits ; en sorte que c'est à cette même cause qu'il faut attribuer l'extrême diversité des productions de la nature. C'est une vérité incontestable puisque partout l'observation l'atteste, qu'à l'empire des circonstances, qu'à la nécessité qu'il impose partout, ce que peut faire la nature est généralement assujetti. Ainsi, cette cause, essentiellement déterminante, doit être ajoutée aux moyens que nous avons attribués à la nature ; et dès lors nous aurons le complément des causes qui ont amené l'existence de tous les objets que nous observons... Puisque la nature, dans sa production des corps vivants, a procédé du plus simple au plus composé, on doit trouver de part et d'autre, aux deux extrémités de l'échelle que forment les objets de ses opérations, ceux qui offrent les dissemblances les plus considérables »... Ce qui se passe dans les deux règnes : « Et quoique dans chacun d'eux, la série qui représente cette échelle soit toujours plus ou moins rameuse, comme tout est progressif dans ce que fait la nature, que la progression se montre dans le tronc comme dans les branches de la série dont il est question, les dissemblances citées existent constamment » (64).

(64) *Système analytique des connaissances positives*, p. 141-143.

Le primat des circonstances sur le pouvoir de composition de l'organisation apparaît radical du fait qu'elles valent pour causes « déterminantes » — l'*Histoire naturelle des animaux sans vertèbres* leur accordait un statut de « cause accidentelle » —, du fait aussi qu'elles sont déclarées « régir les actes de la nature » (en quoi leur monopole est légitimement celui d'un « empire ») , du fait enfin qu'elles « rendent raison » des productions de ladite nature. Elles sont ainsi créditées d'une triple « influence » : dans l'ordre factuel d'un déterminisme, dans l'ordre politique d'une hiérarchie, dans l'ordre logique d'une intelligibilité. Toutefois, ce dernier privilège pourrait s'avérer équivoque, car l'une des deux « considérations intéressantes et également fondées » déduites par Lamarck de l'ensemble du texte cité est que « la nature, avec tous ces moyens, *exécute* à l'égard des corps tout ce qui a été *produit* en eux » (65). Les circonstances, ici, ne se réduisent-elles pas déjà à des instruments d'effectuation de ce que la nature a, au préalable, inscrit et préparé par une énergie vitale immanente, à savoir la composition de l'organisation ? A la limite, d'ailleurs, celle-ci eût suffi puisque les circonstances n'ont que « forcé la nature à changer les lois qu'elle eût employées sans elles ». Loin de constituer radicalement les êtres, elles post-inscrivent un infléchissement, mais non une substitution — l'échelle du simple au composé se montre « toujours dans le tronc comme dans les branches de la série dont il est question » —, infléchissement qui, dans sa contingence, pourrait bien être, non point superfétatoire, mais secondaire. D'ailleurs, la progression dans la composition de l'organisation constitue, aux dires mêmes de Lamarck, « la solution » de l'histoire des animaux, et, à moins d'admettre que la solution n'était qu'apparemment telle, il devient inutile, et au moins inconséquent, d'y adjoindre une nouvelle cause qui « seule, en rende raison ». De surcroît, et en bonne logique, si cette dernière régit une nature à qui elle est de ce fait « supérieure », peut-elle, sous le même rapport, être qualifiée de « complément » ? *A fortiori*, sa puissance « absolue » ne la hausse-t-elle pas au plan même de l'Auteur de la Nature, au-delà des « puissances particulières et assujetties » (66). Dans ces conditions, les circonstances risquent, ou bien de s'équivaloir à Dieu, ou bien d'acquérir une manière de statut démiurgique. Quoi

(65) *Op. cit.*, p. 143. C'est nous qui soulignons.
(66) *Op. cit.*, p. 37.

7 classes. « Série qui semble aller en se dégradant relativement à la simplification de plus en plus croissante de l'organisation » (p. 49).

Schémas en surimposition

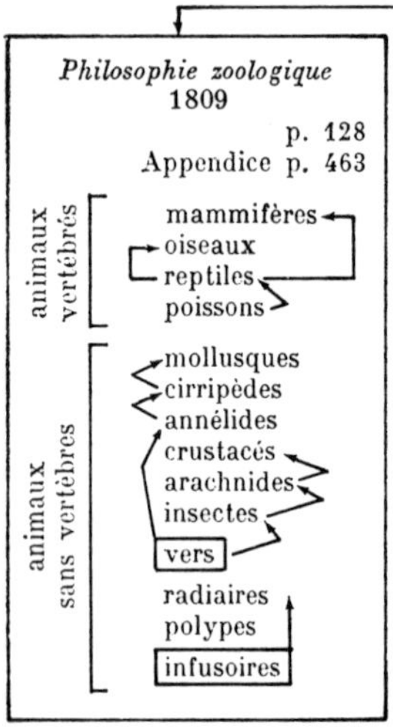

14 classes :

1) « Série de masses distribuées du plus composé vers le plus simple » (p. 127) — « la dégradation peut nous conduire à apercevoir la marche qu'a suivie la nature » (p. 129).

2) « L'échelle animale commence au moins par deux branches particulières et, dans le cours de son étendue, quelques rameaux paraissent la terminer en certains endroits » (II, p. 462).

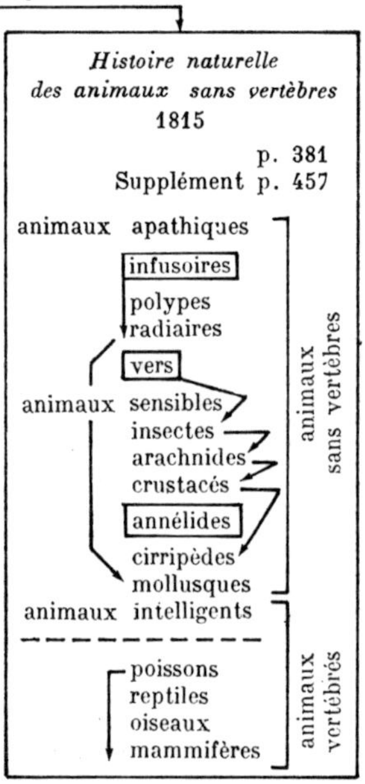

1) Série générale en trois coupes — « celui de la composition croissante de l'organisation... qui indique la marche qu'a suivie la nature en donnant l'existence aux différentes races de ces êtres » (p. 382).

2) « Ordre de formation », ou « ordre effectif de la production » : rameaux et composé de plusieurs séries distinctes » — « ordre assujetti à des causes accidentelles qui ont modifié sa simplicité » (p. 450-451) — « singulier ordre de choses » (p. 454).

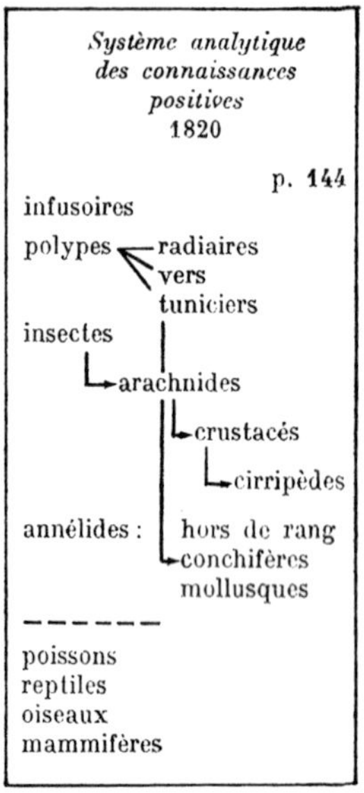

« Ordre de production » — quoique la série qui représente cette échelle soit toujours plus ou moins rameuse, la progression se montre dans le tronc comme dans les branches de la série » (p. 143-144).

Les flèches sur les schémas de 1809 et de 1815 indiquent le deuxième tableau de distribution qui se trouve respectivement dans l'Appendice et dans le Supplément.

qu'il en soit, elles ne nous paraissent rien moins que circonscrites. Ce texte ne semble donc pas pouvoir être estimé décisif, ni quant à une progressive majoration du rôle des circonstances dans une étiologie transformiste, ni quant à l'éventuelle objection d'une rectification ultime du *Système analytique des connaissances positives* par rapport à l'*Histoire naturelle des animaux sans vertèbres* (67). D'autant que, sans préciser il est vrai que les circonstances s'exercent au niveau des taxons spécifiques et génériques (68), celles-ci restent dévolues à effectuer une diversification des vivants, sectorielle et locale, et donc ne préjugent en rien de la progression générale qui, s'agissant d'elle — nous le répétons, car Lamarck n'y manque pas —, se maintient manifeste dans la procession même de l'échelle. Toutefois, et dans cette dernière expression de la problématique lamarckienne, la série a multiplié les diverticules, les impasses, voire les discontinuités, et la description proposée fait plus état des masques de la linéarité alors qu'elle affirme quasi dogmatiquement celle-ci, voire la postule :

> « On sent qu'il lui a suffi d'avoir su instituer l'animalisation de la monade terme, pour avoir pu amener ensuite successivement la formation de tous les animaux jusqu'à l'homme » (69).

A vrai dire, les exceptions à la simplicité de l'échelle avaient déjà été suffisamment élaborées pour devenir l'objet de la présentation, par coexistence, de deux types de tableaux distributifs des animaux, et dans la *Philosophie zoologique*, et dans l'*Histoire naturelle des animaux sans vertèbres*. Nous en donnons le schéma surimposé dans la figure ci-contre. Mais, si le rappel de la série progressive s'effectue dans une discrétion maximale au niveau du *Système analytique des connaissances positives*, Lamarck néanmoins n'y renonce pas : seule l'expression « marche de la nature » en a été expurgée. Dans ces conditions, il est légitime de suggérer que, pas plus que son absence dans le *Dictionnaire de botanique* de 1786 ne signifiait une rupture théorique par rapport

(67) Certes, le texte de dichotomisation que nous avons cité n. 58 est d'abord polémique, eu égard à une objection de Cuvier ; mais rien n'autorise à le limiter à ce genre.

(68) Sauf toutefois p. 28 : « Tant que les circonstances de situation, d'habitation ne varient point à l'égard des espèces vivantes, ces dernières doivent subsister les mêmes. »

(69) *Système analytique des connaissances positives*, p. 148 ; ce qui est devenu « évident », c'est le rôle des circonstances ; cf. aussi *Philosophie zoologique*, ci-dessus n. 55.

à la *Flore française*, pas davantage son défaut dans le *Système analytique des connaissances positives* ne vaut pour l'abandon d'une thématique ou d'une idéologie. L'échelle demeure son analogue (70), cependant que son arborescence, submergeant quelque peu l'axe orthogénétique, induit l'éclipse *nominale* d'une marche dont les circonstances risquent de pulvériser le trajet, mais non l'idéal d'une démarche et la constance d'une problématique. Aussi bien Lamarck s'est-il efforcé d'ajuster des greffons adventices sur le schéma normatif originaire ; peut-être serait-il plus exact de dire que la conviction scalaire demeure l'horizon de sa pensée biologique : ce à partir de quoi, avec quoi et par rapport à quoi il n'a jamais cessé de traiter du vivant. Où nous trouverions volontiers matière à renforcer notre opinion qu'une marche de la nature exprime une métaphysique plus encore qu'un savoir. Le *Système analytique des connaissances positives* permettrait également de faire apparaître dans la théorie lamarckienne une disjonction maximale entre une anatomie comparée investie par l'idée d'une échelle, c'est-à-dire assujettie à la philosophie d'un progrès de l'organisation et traversée par l'idéologie d'une nature-dynamisme-puissance interne (71), dont la conséquence serait celle d'une spéculation romantico-naturaliste, entre cette anatomie comparée donc et le « positivisme » d'observations empiriques, réglé par une physique des milieux où la nature cède et concède aux circonstances *hic et nunc*, et qui se transpose dans la physiologie mécaniste des

(70) Dans la *Philosophie zoologique* qui use sans relâche de l'expression « marche de la nature » se trouve déjà la formule d'une « nature forcée de soumettre ses opérations aux circonstances » (voir n. 55) : pourquoi alors Lamarck aurait-il pu conserver les deux dans la *Philosophie zoologique,* alors qu'il aurait éliminé *conceptuellement* la marche de la nature dans le *Système analytique des connaissances positives* ?

(71) C'est pourquoi, semble-t-il, DAUDIN prête trop à Lamarck lorsqu'il perçoit dans l'attribution à la nature de la « constance des lois » une « positivité » réductrice « d'une notion philosophique et involontairement finaliste », au bénéfice d'un « déterminisme défini par l'existence de relations de dépendance » (*Les classes zoologiques et l'idée de série animale en France à l'époque de Lamarck et de Cuvier*, 1926, I, p. 231-232). En fait, ces lois sont encore pour Lamarck le signe de l'activité et de la puissance de la nature : « A quoi lui servent des lois, si elle est sans pouvoir et sans action ? » (*Système analytique des connaissances positives*, p. 27). En outre, la désignation de la loi — on ne peut parler de définition : le traitement n'en est ni élaboré ni systématisé — renvoie au seul empirisme d'une *régularité* qu'elle confère aux « forces actives » : où l'on retrouve la problématique uniformitarienne. La formule « marche de la nature » se révèle une fois encore pertinente, et pour exprimer un développement contrôlé, et pour manifester son adéquation avec la représentation de la nature et de ses lois, représentation d'idéologie philosophique plus encore que concept proprement scientifique. Comparer avec DARWIN, *Origine des Espèces*, éd. Costes, chap. IV, p. 86-87.

fluides. Le transformisme lamarckien n'aurait-il pas été, dès lors, piégé par cette dichotomie qu'il ne parvient pas à résorber, cependant que ce dualisme d'embranchement l'écartèle quant à sa place dans l'histoire du savoir biologique. En effet, la représentation d'une marche scalaire l'enchaîne encore à la philosophie du XVIIIe siècle finissant, cependant que l'idée d'une influence des milieux et circonstances dans l'ordre d'une genèse en fait un novateur, porteur d'une certaine scientificité du XIXe siècle (nous faisons évidemment abstraction ici de ce qui grève le point de vue et obèrera tout le néo-lamarckisme, à savoir l'hérédité des caractères acquis). Homme de frontière et théorie équivoque donc, par la non-résolution des contradictions internes. Mais l'évolutionnisme postdarwinien qui aura liquidé toute représentation, même infléchie, d'une série linéaire, et qui aura appris à relativiser le perfectionnement zoologique, cet évolutionnisme ne cessera pourtant pas de se reconnaître et de s'affirmer dans le schéma rénové d'une marche de la nature : il le réinvestira en effet dans le cadre d'un dynamisme vital à implant embryologique, et par le moyen d'une philosophie de la division du travail ; celle-ci, parce qu'elle n'exclut pas l'idée d'un rang en fonction même de la complexité et de la centralisation des fonctions, autorise la réplique de l'échelle (72). Ainsi peut-on parler d'un éternalisme ou d'un immobilisme idéologique, à travers des cultures différenciées, et au sein — ou en dépit — de savoirs affinés et rectifiés.

Or, il nous semble en l'occurrence que, s'agissant de la théorie lamarckienne, le concept d'une « marche de la nature » serait susceptible de s'intégrer à une culture politique, voire à une philosophie sociale spécifiée par le temps même de son écriture. En effet, si, lorsqu'il s'agit de l'histoire biologique, Lamarck omet de parler d'une marche, il y fait référence en revanche dans le cadre des principes d'une organisation sociopolitique. Toute société civilisée institue des lois dont la finalité est l'intérêt général, le bien et la sécurité publics — la pensée rousseauiste ou robespierriste a laissé quelque empreinte sur la représentation lamarckienne. Leur légitime autorité peut néanmoins se trouver déviée, dans l'arbitraire et l'abus, du fait de la « cause agissante » qu'est la passion humaine

(72) D'ARCHIAC, paléontologiste français de la seconde moitié du XIXe siècle, qualifiera le plan suivi par la nature de « tout à la fois complet et gradué » (*Cours de paléontologie stratigraphique*, 1864, II, chap. I, § 1, p. 6).

du penchant à dominer et à faire prévaloir l'intérêt particulier. Toutefois, tout rentre en définitive dans l'ordre de nature :

« On conçoit qu'aucun changement, qu'aucune formation, qu'aucun déplacement ne s'opère que conformément à ses lois ; et quoique les circonstances fassent quelquefois varier ses produits, et celles de ses lois qui doivent être employées, c'est encore néanmoins par des lois de la nature que ces variations sont dirigées. Ainsi certaines irrégularités dans ses actes, certaines monstruosités qui semblent contrarier sa marche ordinaire, les bouleversements dans l'ordre des objets physiques, en un mot les suites trop souvent affligeantes des passions de l'homme, sont cependant l'œuvre de ses propres lois et des circonstances qui y ont donné lieu... A tout cela, j'ajouterai que les désordres sont sans réalité dans la nature, et que ce ne sont au contraire que des faits dans l'ordre général, les uns peu connus de nous, et les autres relatifs aux objets tout particuliers dont l'intérêt de conservation se trouve nécessairement compromis par cet ordre général » (73).

Le progrès des lumières, c'est-à-dire la connaissance des lois de cette nature, rétablira un équilibre momentanément car aveuglément rompu :

« Tôt ou tard, en effet, le temps amène inévitablement la destruction de l'erreur. Aussi voyons-nous la raison publique, éclairée par l'expérience, se rectifier graduellement, et les principes d'une saine philosophie... préparer la seule voie qui puisse par la suite des temps affranchir l'humanité du nombre des maux qui l'accablent » (74).

Comme toute déviation monstrueuse, les passions particularistes se trouvent ainsi, avec les circonstances qui d'ailleurs les diversifient, réduites à la normale, et restituées à la marche d'une nature normée par un optimisme légaliste. Si le savoir sur ces lois tend nécessairement à les perpétuer, et ce, pour le souverain bien de

(73) *Système analytique des connaissances positives*, p. 59 ; également article « Nature », in *Nouveau Dictionnaire d'histoire naturelle*, p. 381.

(74) En cela, ROUSSEAU a failli pour avoir « condamné les sciences » et les « avoir proscrites d'une manière trop abolue ». Si cet auteur s'est plus qu'un autre passionné pour la nature, « les circonstances de sa vie ne lui ont pas permis de la suivre dans sa marche » (*Système analytique des connaissances positives*, p. 62 ; *Nouveau dictionnaire d'histoire naturelle*, p. 398 ; voir aussi n. 21 du présent exposé). L'*Emile* a noté une « marche de la nature » ou « ce qui est dans la nature de la chose », « partie systématique de l'éducation », et un ordre de « considérations secondes » ou celui des « rapports donnés dans certaines situations, rapports accidentels à la chose », et qui déterminent des « applications particulières de la méthode eu égard aux mille circonstances qui facilitent plus ou moins l'exécution du projet initial » (Ed. Garnier, Préface, p. 2-3). — Egalement le *Contrat social* différencie les lois générales des causes particulières qui peuvent en modifier l'effet (Ed. Garnier, livre III, chap. VIII, p. 290).

l'homme civil, Lamarck est à l'évidence un produit de ce siècle dit des Lumières, identifiant progrès et connaissance, voire d'une certaine philosophie de la Révolution française, confondant bonheur et droit naturel : inhérent à une essence humaine, celui-ci ne trouverait-il pas son harmonique dans la rectitude de la marche du perfectionnement ? Mais aussi, transportée dans un domaine proprement physique — et le parallélisme, dans la déviance et la sectorisation, des circonstances et des passions invite à opérer le rapprochement —, la dernière expression lamarckienne de l'évolution biologique ne serait-elle pas le négatif des convictions sociopolitiques ? Ou plutôt, et dans la mesure où la chaîne de progression semble un idéal plus encore qu'une réalité, elle échouerait à réaliser le rêve d'une nature « non forcée » dans ses impulsions originaires, sans toutefois croire celui-ci détruit puisque cette échelle de perfectionnement subsiste. Dans ce cas, et si l'on consentait à une lecture de second niveau du discours de Lamarck, qui ne serait toutefois ni fondatrice ni nécessaire, l'ultime schéma des circonstances que délivre — avec toutes les confusions notées — le *Système analytique des connaissances positives* pourrait valoir, en registre d'idéologie politique, pour le regret, ou l'espoir réduit, de la philosophie républicaine lamarckienne.

La marche de la nature demeure également la norme de construction de l'être minéral pour Haüy, le collègue de Lamarck pour l'enseignement cristallographique au Museum. Et il nous apparaît qu'une comparaison entre leurs deux spécialités pourrait n'être ni gratuite ni illégitime. Aussi bien Lamarck parle-t-il de Haüy dans les *Recherches sur l'organisation des corps vivants*, et, dans l'*Histoire naturelle des animaux sans vertèbres*, il lui emprunte selon toute vraisemblance l'expression des « molécules intégrantes » ; si le *Traité de cristallographie*, paru en 1822, était trop tardif pour les recherches lamarckiennes, le *Traité de minéralogie* avait été publié en 1801 et l'*Essai d'une théorie sur la structure des cristaux* remontait à 1784. Or, le premier et le dernier de ces ouvrages comportent d'assez nombreuses références à une « marche de la nature ». L'*Essai* de 1784 s'ouvre par l'affirmation de celle-ci, mais « elle se dérobe dans des déviations apparentes, sous la multitude des formes accidentelles ». Profusion cristalline qui n'est pas sans rappeler l'exubérance végétale de la *Flore française*, mais surtout identique notation de déviances par les circonstances de la cristallisation, dont la loi de décroissement rendra compte. On ne peut faire que ne s'impose ici le schéma lamarckien du pouvoir de composition d'organisations, perturbé, voire masqué par les influences des milieux, mais permanent car normatif, à quoi répondrait, dans une intelligibilité géométrique (75), la loi de structure cristalline, c'est-à-dire la combinaison, selon des angles d'incidence, des molécules intégrantes, formes primitives et miniaturisées de chaque espèce de cristal. Le *Traité de cristallographie* paraît plus pertinent encore pour ce rapprochement théorique :

« La cristallisation a été détournée par une cause étrangère de la marche qu'elle aurait dû suivre si elle était restée abandonnée à elle-même » (76).

La *Philosophie zoologique*, voire l'*Histoire naturelle des animaux sans vertèbres*, aurait-elle été le modèle linguistique d'une orientation pour le moins comparable, même si elle fut simultanément plus formelle et moins polymorphe au sein de la théorie cristallographique. Car la marche de la nature se situe sans ambiguïté hors d'une cristallogénie qui prendrait en considération les circonstances concrètes d'une formation, chimique ou géologique ; elle ne cesse d'appartenir à une morphologie structurale, faisant abstraction des événements particuliers. Le lamarckisme, il faut en convenir, n'a pas, à ses débuts, ménagé une telle pureté à son objet. Toutefois, les deux méthodologies témoignent d'une identique et constante finalité : sous l'immense variété des formes cristallines, comme dans l'infinité des individus végétaux et animaux, il s'est agi de manifester une organisation et un schème d'ordonnancement.

« Il faut bien observer qu'on ne peut établir aucune méthode avantageuse pour exposer la gradation des formes dont un même crystal est susceptible, sans partir de la véritable forme primitive du genre. Toute marche qui n'est point dirigée vers ce but est essentiellement défectueuse parce qu'elle est contraire à la marche de la nature » (77).

Mais, à ce point, la cristallographie de Haüy a visé à discriminer un invariant spécifique, cependant que la biologie lamarckienne s'est fondée en la dynamique d'une puissance, irrésistiblement

(75) La théorie s'est « élevée à un degré de généralité d'où dérivent des formules analytiques... dont le but est de représenter la marche de la nature » (HAÜY, *Traité de cristallographie*, 1822, Introduction, p. II).

(76) *Traité de cristallographie*, I, p. 214 : l'affirmation ici portée l'est à propos des « exceptions » à la loi de symétrie.

(77) *Essai d'une théorie sur la structure des crystaux appliquée à plusieurs genres de substances crystallisées*, 1784, p. 32.

inscrite de ce fait dans un devenir ; où, dans le lamarckisme, la marche de la nature a valu pour le graphisme d'un ordre de formation, alors que le schéma proposé par Haüy exprime seulement une loi de dérivation structurale dans des formes secondaires (78).

Robinet, en 1748, avait, d'entrée de jeu, commenté ses *Considérations philosophiques sur la gradation naturelle des formes de l'être* par le sous-titre non équivoque d'*Essais de la Nature qui apprend à faire l'homme.* On y lisait au début du chapitre I :

« Puisque la marche de la nature se fait par degrés souvent imperceptibles et par des nuances toujours les moindres possibles, toutes ses productions se tiennent les unes aux autres d'une manière si intime et si nécessaire que chacun a la raison suffisante de son existence dans celui qui le précède, comme il est lui-même la raison suffisante de celui qui le suit » (79).

La marche se définit comme une procession, parcours de l'universel, dont la règle interne emprunte, pour l'essentiel, à une logique de type leibnizien — en l'occurrence, il s'agit d'assurer l'unité dans la diversité (80), et dont les postulats s'intègrent aussi dans la même philosophie leibnizienne d'un dynamisme métamorphique et analogique, faisant immédiatement que cette marche a-temporelle exclut toute filiation, sinon toute histoire. Robinet, comme Lamarck, dans un XVIIIe siècle mal dégagé du baroque, perçoit la nature sous les signes de la fécondité et de la multitude ; la liaison articulera la plénitude d'un continuisme à la téléologie d'un archétype originaire, le « prototype » humain, qui planifie la totalité par une série graduée de modulations infinies, et de créatures analogiques entre elles et par rapport à la forme ultime visée. La représentation des métamorphoses, sous la modalité d'un développement de préformation, est ainsi une métaphore-modèle homogène *stricto sensu* au schéma de la marche : aussi bien les travaux de Réaumur sur les « évolutions » *(evolutio)* des insectes viennent-ils de paraître de 1734 à 1742. Nous citons quelques textes :

« Dans la suite prodigieusement variée des animaux inférieurs à l'homme, je vois la Nature en travail (la marche de la gésine) *avancer* en

(78) *Traité de cristallographie*, p. XIII ; aussi bien la variété même des configurations n'est ni quelconque ni indéfinie, à tel point qu'elle est calculable par le géomètre connaissant la forme primitive.

(79) ROBINET, *Considérations philosophiques sur la gradation naturelle des formes de l'être*, 1748, 1re partie, chap. I, p. 2.

(80) « Car la perfection naturelle consiste dans l'unité combinée avec la plus grande variété possible » (*op. cit.*, p. 4).

tâtonnant vers cet Etre excellent qui couronne son œuvre ; le progrès devient très sensible après un certain nombre de métamorphoses... Chaque variation de l'enveloppe du prototype est une *étude* de la forme humaine que la Nature méditait » (81).

La marche est donc la manifestation, successive et infiniment différenciée, de l'Etre en cours d'humanisation, ou plus exactement de la force, car la matière est inapte au développement : nous parlions ci-dessus de leibnizianisme. Cette marche n'est aussi qu'expression ; le passage de la plante à l'homme n'implique en aucune sorte une transmutation.

« Je me suis assez expliqué : j'entends uniquement que le dessein d'après lequel la Nature a travaillé le végétal peut être perfectionné jusqu'à devenir le modèle de la machine humaine, comme le plan d'organisation des plantes est une variation perfectionnée du plan des machines minérales » (82).

Sur ce point, Robinet pourrait être traité en précurseur du naturaliste L. Agassiz qui, contemporain de Darwin, anti-évolutionniste résolu, admettait une « marche de la vie » et une suite des êtres — n'est-il pas le co-auteur de la loi du parallélisme des formes dans le triple plan de l'embryologie, de la taxinomie et de la paléontologie ? —, suite non objective toutefois, mais idéale et indicielle car incluse dans le plan divin (83). Robinet, quant à lui,

(81) Robinet, *op. cit.*, p. 4.

(82) Robinet, *op. cit.*, 3e partie, chap. XXXVI, p. 51.

(83) « La loi d'évolution est... une loi de contrôle sur le développement ; elle maintient la formation du type dans un cycle d'avance marqué, qui toujours revient sur lui-même, retourne à l'heure prévue au même *point de départ*, et refait, par une *suite de pas* semblables, le même *chemin*. Jamais on n'a vu un de ces cycles osciller vers un autre ou se transformer en un autre » (Agassiz, Le type spécifique, *Revue scientifique*, 2e série, III, 28 mars 1874, p. 910, c'est nous qui soulignons). — « A travers cet enchevêtrement de rapports se fait jour une tendance à la production de types de plus en plus élevés, jusqu'à ce qu'enfin l'Homme vienne couronner la série... Cette série apparaît comme le développement d'une conception grandiose, exprimée avec une telle harmonie de proportions que chaque partie semble nécessaire pour la complète intelligence du dessein général ; ... elle est si bien liée aux autres termes de la série qui précèdent et qui suivent qu'on pourrait la considérer comme produisant les uns et dérivant des autres... En présence d'une série aussi étonnante, qui donc pourrait ne pas lire les manifestations successives d'une intelligence, exprimées en des temps divers par des formes toujours nouvelles, mais tendant continuellement à une même fin, la venue de l'homme, déjà prophétisée par l'apparition des premiers poissons... On peut considérer les animaux divers d'une période antérieure comme manifestant, pour ainsi dire, le modèle sur lequel seront établies les phases de l'évolution d'autres animaux à une période ultérieure. C'est, dans ces temps reculés, comme la prophétie d'un ordre de choses impossible avec les combinaisons zoologiques prédominantes

fait de ce « dessein » un *dessin*, au sens graphique du terme : car il faut prendre au sens propre certaines formules éparses dans les *Considérations* ; ainsi les « tâtonnements » de la nature sont des « essais », au titre d'esquisses, picturales ou architecturales ; dans ces conditions, « la marche lente et graduée de l'art est une image imparfaite de celle de la Nature » (84), et « l'étude » de la forme humaine est proprement l'exercice (85), artistique notamment, qui restera inachevé, mais pourra aussi devenir ce « chef-d'œuvre » qu'est l'homme. Nous suggérons qu'ici Robinet anticipe les travaux de Camper, et, pour le moins, s'inscrit dans l'ancienne tradition physiognomonique, qui faisait correspondre et décrypter l'un par l'autre l'homme et l'animal, en instituant entre eux une marche de dérivation graduée et insensible par laquelle un Lavater en 1803 dévoilera Apollon au terme de la grenouille. Nous citons à nouveau Robinet

« Le corps du cheval qui, du premier coup d'œil, paraît si différent du corps de l'homme, lorsqu'on vient à le comparer en détail et partie par partie, au lieu de surprendre par la différence, n'étonne plus que par la ressemblance singulière et presque complète qu'on y trouve : en effet, prenez le squelette de l'homme ; inclinez les os du bassin, accourcissez les os des cuisses, des jambes et des bras, allongez ceux des mains et des pieds, soudez ensemble les phalanges, allongez les mâchoires en raccourcissant l'os frontal ; et enfin allongez aussi l'épine du dos, ce squelette cessera de représenter la dépouille d'un homme et sera le squelette d'un cheval » (86).

Camper, en 1791, géométrisera par les mêmes procédés la métamorphose d'un quadrupède (le cheval) en humain-femme vraisemblablement selon la gravure ; car il s'agit d'une gravure. Aussi bien le naturaliste Camper a-t-il donné en 1774 et 1778 une série de conférences à l'Académie de Dessin d'Amsterdam. La marche de la nature confère ainsi les moyens de dessiner conformément à

alors, mais qui, réalisé plus tard, attestera d'une manière frappante que, dans la gradation des animaux, chaque terme a été préconçu » (*De l'espèce et de la classification en zoologie*, trad. VOGELI, 1869, XXV, p. 173-174 ; XXVII, p. 182-183). Les « types prophétiques » sont ainsi comparables aux essais-ébauches de la Nature qui apprend à faire l'Homme : Agassiz serait-il un avatar de Robinet ?

(84) *Considérations philosophiques sur la gradation naturelle des formes de l'être*, 1re partie, chap. VII, p. 15.

(85) Aussi bien ROBINET propose-t-il d'appeler la collection de ces études : « L'apprentissage de la Nature » (*op. cit.*, 1re partie, chap. I, p. 4). Le « plan des machines animales et végétales » doit ainsi s'entendre comme une maquette.

(86) ROBINET, *op. cit.*, IIe partie, chap. C, p. 144.

son dessein (87), cependant que ses degrés se définissent aussi comme des ébauches. Mais ne pourrait-on retenir ici une discrète ressemblance avec la théorie lamarckienne, traitant des « ébauches de l'animalité » (88), et dégageant par la norme de dégradation, les « vestiges » de certaines fonctions manifestes dans les classes supérieures. Robinet ne procède pas autrement lorsqu'il s'efforce de discriminer les analogies entre les êtres, dépouillant successivement le cœur de sa structure lobulaire et de son réseau capillaire, et invoquant, lui aussi, l'exemple désormais classique depuis Trembley du polype, « qui n'est qu'un boyau ramifié ».

« Si quelque génie, assez au fait de la marche de la Nature pour reconnaître ce que le prototype a acquis à chaque pas, pouvait en dépouiller l'homme dans la même progression descendante, il le ferait *rétrograder* vers le bas de l'échelle » (89).

Certes, et nous l'avons dit, dans le lamarckisme, l'homme n'est ni le pressentiment ni la fin de la nature. Mais, en dernière analyse, ne réinsère-t-il pas la marche de la nature dans un ordre à relent téléologique, et, de façon comparable, Robinet ne décrète-t-il pas que

« la nature ne fait rien d'inutile : sa marche est nuancée et chaque nuance est nécessaire dans le plan universel de l'Etre » (90),

méthode destinée, entre autres, à neutraliser la déviance dans la délicate querelle des monstres au XVIIIe siècle.

Mais la thématique de la métamorphose, et, *a fortiori*, la rêverie sur le cheval, sont aussi pertinentes à nous introduire dans le domaine de la *Naturphilosophie* ; car l'identité du plan d'organi-

(87) Littré signale d'ailleurs que le mot « marche » usité en peinture définit « la manière dont procèdent le pinceau ou le crayon, l'ordre dans lequel se présentent les figures, les groupes, les masses d'ombre et de lumière, la suite des plans ». GŒTHE, dans le cadre de la *Naturphilosophie* requerra lui aussi, en 1820, et notamment du physiologiste Turpin, la copie artistique des gradations et des métamorphoses de la plante : satisfaction lui sera d'ailleurs donnée dans les planches qui illustrent l'*Essai d'organographie végétale* (P. F. TURPIN), et l'auteur y traite notamment les monstruosités de *vagabondages* momentanés (*op. cit.*, p. 10). C'est nous qui soulignons.

(88) « Les polypes ne sont plus que des points animalisés... C'est parmi eux sans doute que se trouvent les premières ébauches de l'animalité » (*Recherches sur l'organisation des corps vivants*, p. 37). — Egalement, *Histoire naturelle des animaux sans vertèbres*, Introduction, p. 148, où l'on peut conjoindre l'ébauche (ordre ascendant) et le vestige (ordre descendant).

(89) ROBINET, *op. cit.*, chap. I, p. 6.

(90) ROBINET, *op. cit.*, 11e partie, chap. CII, p. 148.

sation à partir duquel certaines techniques ou certains processus permettent de dériver la diversité des formes, induit une comparaison plausible avec l'idée directrice de la biologie romantique allemande et française, dont la période s'étend schématiquement de 1790 à 1842. Nous ne dirons rien pour notre propos de l'œuvre de Kielmeyer, docteur, professeur de zoologie et de chimie à l'Académie Caroline, où Cuvier fréquente ses cours, et, après la suppression de celle-ci en 1796, professeur de botanique et de matière médicale à Tübingen, sinon qu'à deux reprises, la conférence de 1793 *Rapports des forces organiques dans la série des différentes organisations ; lois et conséquences de ces rapports* (91), parle « d'une marche constante de la nature animée » ; la représentation en a été élaborée dans une double problématique : celle, physiologique, d'une composition des cinq forces originaires (irritabilité-sensibilité-reproduction-sécrétion-propulsion), et celle, comparatiste, d'une distribution différente de ces forces selon le triple parallélisme des organismes de la série, des âges de l'individu et du développement de l'embryon.

Cette loi de parallélisme sera élaborée morphologiquement par Oken, notamment en 1809-1811, date de la publication du *Lehrbuch der Naturphilosophie* : chaque animal, dans son développement, passe par les classes zoologiques inférieures ; il représente ainsi la série en dessous de lui, jusqu'à l'homme, résumé complet de la création, les autres produits méritant de ce fait d'être qualifiés de *membra disjecta.* L'homme achève la marche, ce qui signifie en clair qu'il en est l'apogée de perfection, et qu'il l'annule en la récapitulant ; car cette marche reste un système ou un fonctionnement de totalisation (*Gang* le signifie aussi) plutôt qu'un cours effectif. Ainsi ne trouve-t-on pas trace de l'expression dans les Traités de Meckel en 1811 *(Beiträge zur vergleichenden Anatomie)* ni de K. G. Carus en 1834 *(Lehrbuch der vergleichenden Anatomie).* Toutefois, sa composition, si elle était successive, serait celle d'une addition : technique de petits pas, dont chacun reprend le trajet précédent, mais le dépasse en le cumulant ; son graphisme pour-

(91) En 1840, Gustav Münter fait paraître à Halle un ouvrage intitulé *Allgemeine Zoologie oder Physik der organischen Körper*, que Balss assure n'être qu'un plagiat de la conférence faite par Kielmeyer en 1793, et dont la publication avait été annoncée, puis arrêtée (*Sudhoffs Archiv für Geschichte der Medizin*, 1930, vol. 23). On peut, semble-t-il, au moins considérer le livre de Münter comme ce qui, au XIXe siècle, circulait en Allemagne à titre représentatif de Kielmeyer.

rait s'illustrer dans le cheminement comparé d'Achille et de la tortue.

L'idée d'une marche de la nature est également véhiculée, toujours dans le cadre de la *Naturphilosophie*, par la théorie de la répétition ; l'organisation dans son ensemble est alors conçue comme se répétant dans certains organes : où, par la généralisation du concept d'homologie sérielle, il est toujours question des rapports de la partie et du tout, dont la théorie vertébrale du crâne s'avère l'illustration la plus notoire à l'époque (92). Or Gœthe qui en fut l'initiateur en 1790 et la publia en 1820 (93), la transcrit en botanique par l'archétypie de la feuille, et discrimine du même coup une « marche normale de la nature », c'est-à-dire celle qui indique et exprime « les formes variées des plantes par la modification d'un seul organe » (94). Cette marche est dite « normale », parce que « progressive » à partir des feuilles séminales, et « montant, en faisant éclore une forme d'une autre comme sur une échelle idéale » ; elle ménage donc, dans des inversions ou des arrêts, une possibilité de « rétrogradation », synonyme de la réversibilité spatio-typique (95). L'affirmation est d'importance, car elle est appelée à ponctuer certaines réflexions en matière de phylogenèse ; pour la première fois, en effet, on admet une double cinétique de la marche : progrès certes, mais aussi reculs. Et dans ces conditions, c'est la voie ouverte à un transformisme où l'idée de perfectionnement sera, sinon absente, minimale ou surajoutée comme dans le darwinisme (96), du moins relativisée, comme

(92) L'ont soutenue notamment Oken (*Ueber die Bedeutung der Schädelknocken*, 1817), Duméril (*Mémoires de l'Académie des sciences*, 1809), Spix (*Cephalogenesis*, 1815), Bojanus (*Anatome testudinis europaeae*, 1819). Etienne Geoffroy Saint-Hilaire et Owen en seront les propagateurs les plus efficaces.

(93) *Zur Morphologie* (1820).

(94) Gœthe, *La métamorphose des plantes* 1790, in *Œuvres d'histoire naturelle*, trad. Ch. Martins, § 3, p. 210.

(95) « Si nous admettons que la plante peut faire un *pas rétrograde*, et *rebrousser chemin* dans son accroissement, nous serons plus attentifs à observer la marche normale de la nature » (*La métamorphose des plantes*, *op. cit.*, § 3, p. 210. C'est nous qui soulignons). « Le phénomène contraire à la division se manifeste de la manière la plus merveilleuse sur plusieurs espèces d'Acacias originaires de la Nouvelle-Hollande. Au moment de sa germination, la plante se présente avec des feuilles pennées ; mais, peu à peu, les feuilles deviennent simples et lanciformes parce que le pétiole s'élargit et finit par absorber les parties pennées qui persistaient encore au commencement. Ceci nous prouve que la nature a une marche tantôt progressive, tantôt rétrograde » (*Travaux postérieurs sur la métamorphose des plantes*, *in* éd. Ch. Martins, 1820, p. 292).

(96) Essentiellement, sinon exclusivement, par l'application du critère de von Baer (différenciation et spécialisation croissantes), conjoint au principe milne-edwardien de la division physiologique du travail (*Origine des espèces*, chap. IV, p. 133-136).

dans la paléobotanique de Saporta. Et bien qu'il ne puisse pas être traité comme un biologiste, il nous paraît qu'E. Quinet retrouvera l'inspiration gœthéenne lorsque, dans *La Création*, en 1870, il fera état

« d'époques de rétrogradation et d'archaïsme dans la nature ; elle semble alors revenir sur ses pas... La nature non plus n'avance pas en ligne droite » (97).

Certes, ce reflux est encore lié à une norme, d'où il s'agit de rétrogradation qui corrélativement perturbe la règle, mais l'implique en manifestant son dépassement :

« Le normal et l'anormal vivent de la même vie ; il en résulte des formations et des transformations alternatives, une oscillation entre le normal et l'anormal qui est telle que la règle sera prise pour l'exception et *vice versa* » (98).

Il faudra attendre la problématique darwinienne pour que tout caractère d'une régulation *a priori* ait disparu du monde biologique : mais alors aussi, la « marche de la nature », n'ayant ni sens ni fonction, sera totalement absente de la représentation darwinienne. Car, dans la philosophie organologique de Gœthe, la métamorphose conserve une fin :

« La nature marche à grands pas vers l'accomplissement du grand-œuvre de la reproduction » (99).

L'image de l'éclosion citée plus haut y découvre sa validité ; et en cela, Gœthe partage l'idéologie de Linné : la marche de la nature n'est pas une errance ; elle a un terme, un but, un sens et une loi. A ce niveau dernier se découvre son équivoque :

« Nous avons suivi pas à pas la marche de la nature ; nous avons observé l'habitus de la plante dans toutes ses métamorphoses ; nous avons *déduit* toutes les formes organiques à partir des feuilles » (100).

(97) E. QUINET, *La Création*, t. II, p. 237. Toutefois, Quinet historien tente d'appliquer au vivant les lois historiques et non l'inverse : la « marche de la nature » est donc dérivée du modèle humain. Mais les correspondances sont assurées par l'intégration dans une « histoire universelle » des deux histoires, humaine et naturelle. Dans ces conditions, la « marche de la nature », qui ne s'accomplit pas le long d'une échelle linéaire, garantit au devenir historique un progrès sans fatalisme.

(98) *Travaux postérieurs à la métamorphose*, éd. Ch. Martins, 1820, p. 286.

(99) *La métamorphose des plantes*, *op. cit.*, p. 210.

(100) GŒTHE, *op. cit.*, p. 239.

D'ailleurs, les moyens de cette dérivation sont de l'ordre d'une mécanique, par processus alternés ou conjugués d'extension-contraction,

« qu'il serait nécessaire qu'on pût manipuler *comme des formules algébriques* pour expliquer cette marche » (101).

Rappelons ici, à titre non insignifiant, que Gœthe a collaboré à l'élaboration des *Physiognomische Fragmente* de Lavater au début du XIXe siècle : la marche de la nature, à nouveau, risque de se dégrader en un idéalisme à ambition ou origine mathématiques, dont la morphologie allemande tout entière est à l'époque tributaire (102). La dérivation se convertirait en déduction, la marche en « loi de la nature » — c'est le cas chez K. G. Carus —, ou, à tout le moins, dans la pensée gœthéenne, en stratégie, c'est-à-dire en acheminement calculé (103). Toutefois, ni la progression de l'individu, ni celle de l'ensemble des organismes ne se résument en une monotone réitération de l'identique ; la forme-type *(Gestalt)* où se résout l'organisme végétal est traversée par une formation *(Bildung)* qui l'entraîne dans des organisations protéiformes mais cependant réglées :

« Ici on expose la double vie de la plante, et on montre que d'une part, elle produit successivement son semblable d'un nœud à l'autre, et donc

(101) ID., *op. cit.*, p. 245. LINK comparera (*Elementa philosophiae botanicae*, 1824) cette alternance contraction-expansion à l'oscillation du pendule : la dérivation spatio-temporelle est explicitement réduite à la mesure d'un mouvement périodique ; Gœthe s'en défendra : « Cet éloge apparent de nos travaux nous parut suspect ; en effet, tandis qu'il devrait parler de forme et de transformation, l'auteur ne reproduit qu'une idée amorphe, dernier degré de l'abstraction » (*Travaux postérieurs*, 1820, *op. cit.*, p. 306) ; mais n'avait-il pas prêté lui-même à la transposition ?

(102) Particulièrement représentative de cette tendance est la phyllotaxie, fondée dès 1830 par les travaux de Ch. SCHIMPER sur la croissance spiralée de la tige ; on peut leur adjoindre les recherches d'Augustin-Pyramus de CANDOLLE et les élaborations ultérieures d'Al. Braun et d'A. Bravais. GŒTHE acceptera le système spiral en 1831 (*Œuvres d'histoire naturelle*, éd. Ch. Martins, p. 329 sq. : « On est forcé d'admettre que tout organe, toute formation nouvelle se développe dans les plantes en vertu des lois de la métamorphose, et suivant une tendance spirale combinée avec la tendance verticale »). Rappelons aussi dans la morphologie de K. Carus la genèse idéale des organismes à partir de la sphère.

(103) *Travaux postérieurs*, p. 309. Comparer avec Richard OWEN : « L'histoire du passé de notre globe nous enseigne que la nature a *avancé* à *pas lents* et majestueux, *guidée par la lumière de l'archétype*, au milieu des ruines du monde antérieur depuis l'époque où l'idée vertébrale s'est manifestée sous sa vieille dépouille ichtyique jusqu'au moment où elle s'est montrée sous le vêtement glorieux de la forme humaine » (*Principes d'ostéologie comparée ou Recherches sur l'archétype et les homologies du squelette vertébré*, trad. 1855, p. 13).

à chaque *pas* achève son *cycle*, puis recommence ; que d'autre part, elle accomplit le grand cycle qui va de la graine à la fleur à travers les multiples modifications et transformations des unités apparaissant successivement » (104).

Aussi bien Gœthe ne réussit-il pas, s'agissant de ce problème de développement ou de prise de forme, à dépasser une situation de compromis entre une doctrine de l'emboîtement propice à une géométrisation de la vie et la théorie naissante de l'épigenèse (105) plus adéquate à la plasticité d'une métamorphose. Sa représentation de la « marche de la nature » n'en aurait-elle pas reçu ses ambiguïtés, celle d'un invariant en devenir, comme celle d'un acheminement sans descendance, où le même se module comme différent sans toutefois s'instituer l'autre du même ?

L'implant embryologique caractérisé préservera Etienne Serres de la spéculation mathématisante ; mais l'idée de la marche de la nature qui s'inscrit dans les *Principes d'embryogénie, de zoogénie et de tératogénie* parus en 1842 dans l'*Encyclopédie nouvelle* n'impliquera pas davantage une connotation transformiste. Dans une méthodologie par extension, normale pour une biologie ordonnée par le concept d'unité de plan de composition repris à Et. Geoffroy Saint-Hilaire, Serres parle d'abord de la « marche progressive d'un appareil organique qui se développe » (106), désignant par là le passage transitoire de l'embryon par les différents stades définitifs et inférieurs des formes animales taxinomiquement distribuées ; cette marche renvoie donc à la formulation générale d'une « organogénie animale qui représente une zoologie transitoire », et d'une anatomie « comparée qui représente une organogénie permanente » ; Serres en tire une application à la nature vivante dans son ensemble, dont « la marche progressive, ascendante et continue » peut être assimilée à celle « d'un seul Animal qui s'arrête ici plus tôt, là plus tard » (107). Mâtinée par l'emprunt à Geoffroy Saint-Hilaire des

(104) *La métamorphose des plantes* (trad. par Henriette Bideau, éd. Triades, 1975), Préliminaires à une physiologie des plantes, p. 223. C'est nous qui soulignons. « L'organisation de la plante supérieure n'est pas une répétition constante et à l'infini du même élément inchangé ; une organisation sans intensification ne nous inspire aucun intérêt » (*op. cit.*, Appendice, p. 264).

(105) Gœthe connaissait et avait fréquenté G. F. Wolff (1733-1804) ; voir in *Œuvres d'histoire naturelle*, éd. Ch. Martins, les pages 271 à 278. — Voir également son appréciation sur Blumenbach et le *nisus formativus* (*La métamorphose des plantes*, éd. Triades, p. 107).

(106) Et. Serres, *Principes d'embryogénie*, p. 26.

(107) Id., *op. cit.*, p. 25.

arrêts de développement, il y a là une transposition manifeste d'Oken, dont la formule est désormais historicisée à travers une problématique d'embryologie épigénétique : car Et. Serres a retenu l'enseignement de K. von Baer (*Die Entwicklungsgeschichte der Thiere* a paru en 1827), et il appliquera à l'histoire du vivant et de la vie une doctrine de la métamorphose sans préformationnisme ; la « marche de la nature » s'assimile désormais à une métamorphose universelle, et

« par elle, la paléontologie entre dans une phase nouvelle ; car on conçoit que l'on pourra comparer, degrés par degrés, les types des différents fossiles de toutes les périodes géologiques avec les grands changements que les animaux vivants subissent dans leur vie embryonnaire » (108).

Est-ce à dire que cette marche recouvre un parcours généalogique ? En réalité, il ne saurait en être question car, dans le cadre d'une unité de plan de composition, les vivants sont subordonnés à un ordre, et à un trajet « préexistant à ses étapes », de sorte

« qu'une seule et même carrière s'ouvre à la genèse des animaux, et que la seule différence entre eux consistera à s'y arrêter plus ou moins tôt » (109).

Aussi bien Et. Serres récuse-t-il sans équivoque le lamarckisme :

« Notre illustre Lamarck fut plus loin encore : il essaya d'indiquer les pas par lesquels la nature procède ou a procédé dans les temps antérieurs, pour développer graduellement une classe d'êtres d'une classe précédente, de façon à établir une chaîne graduée, non de chaînons simultanés, mais de chaînons successifs, et ainsi produire à la fin l'espèce humaine, par une métamorphose inverse à la vérité, mais non moins merveilleuse que celle dont nous lisons le récit dans la mythologie. Cette opinion reposait sur une base erronée, à savoir que, dans leurs développements, les animaux peuvent s'élever d'une classe à l'autre, hypothèse que nous avons démontré être entièrement opposée aux faits dévoilés par l'embryogénie comparée et surtout par la tératogénie... Par l'essence même de l'état présent de l'animalité, un animal peut descendre l'échelle de structure qui lui est dévolue en partage par la nature, mais jamais il ne peut s'élever au-dessus » (110).

Néanmoins, c'est pour avoir classé Serres au rang des théoriciens de la descendance que le physiologiste français Milne-Edwards

(108) Id., *op. cit.*, p. 404.

(109) H. Daudin, *Cuvier et Lamarck. Les classes zoologiques et l'idée de série animale*, 1926, 2e partie, p. 256.

(110) Et. Serres, *op. cit.*, p. 405-406 (note) ; p. 751.

récuse, en 1857, non pas le principe des arrêts de développement, mais les prétendues transmutations zoologiques qui, suppose-t-il, en ont été inférées (111), car

« si tous les animaux qui dérivent d'un même type fondamental *marchent*, pendant un certain temps, dans la même voie embryogénique, ils dévient ensuite de la *route* commune, et acquièrent des caractéristiques propres » (112).

A l'évidence, Milne-Edwards oppose à Serres la pluralité irréductible des types d'organisation qu'il emprunte à l'embryologie de von Baer, réglant le développement ontogénétique par les lois de différenciation histo-morphologique de l'homogène à l'hétérogène, du général au spécial. Mais le texte de von Baer de 1827 qui fonde l'embryologie expérimentale épigénétique ne comporte aucunement l'expression « marche de la nature », et, dans cette mesure, nous n'en traiterons pas comme tel. Néanmoins, sa problématique s'avère déterminante pour ledit concept, parce qu'il va lui conférer une caractéristique jusque-là absente de sa composition, à savoir l'idée d'une spécialisation-individualisation progressives. Or, l'introduction s'en opère par le biais de la physiologie milne-edwardienne, qui, en 1828, dans le *Dictionnaire des Sciences naturelles* définit le progrès sériel des vivants par le passage de la polyvalence fonctionnelle à la spécialisation organique, principe désormais connu sous l'appellation de division physiologique du travail. Et c'est ce principe qui permet à Milne-Edwards, à nouveau dans les *Leçons sur la physiologie et l'anatomie comparées* de 1857, d'admettre « une marche de la nature du simple au composé », entendons par là un perfectionnement acquis simultanément par la variété des « instruments physiologiques » et la division du travail (113). Il semble d'ailleurs que ce principe ait des référents non univoques, à la fois embryologiques et technologiques : il est question ici d'*instruments*, de *travail*, et le texte de 1828 dans lequel apparaît le concept, le conjoint avec l'image de l'atelier où les ouvriers augmentent leur rendement en se spécialisant. Cette corrélation avec l'économie industrielle ne sera pas sans conséquence au sein d'une société où le libéralisme tend à devenir vertu. Le *Traité d'économie politique* de J.-B. Say a

(111) H. Milne-Edwards, *Leçons sur la physiologie et l'anatomie comparées de l'homme et des animaux*, 1re leçon, § 16, p. 30, n. 1.

(112) Id., *op. cit.*, 1re leçon, § 16, p. 29. C'est nous qui soulignons.

(113) Id., *op. cit.*, 1re leçon, § 13, p. 22-23.

paru en 1803 et a connu quatre rééditions de 1814 à 1826. En tout état de cause, la différenciation-spécialisation devient une dominante de la biologie, et structure dans la paléontologie de la seconde moitié du XIXe siècle le concept renouvelé d'une marche de la nature, ce dont il nous faut, en dernière analyse, rendre compte.

La phyto-géographie qu'Al. de Humboldt fonde en 1807 par la publication de son *Essai sur la géographie des plantes* s'est progressivement coordonnée à une géologie stratigraphique dont on peut estimer les commencements assurés avec, en 1830, la substitution du terme même de *géologie* à celui de « géognosie ». Progressivement toujours, entre 1830 et 1838, l'émiettement des « systèmes » en « étages » par la notion des « séries » (éocène-miocène-lias...) a affiné la topographie des couches, multipliant les subdivisions et donnant ainsi toute l'importance aux transitions, à quoi a contribué, de son côté, une paléontologie plus riche de toutes les « formes intermédiaires ». La paléobotanique que fonde Adolphe Brongniart en 1828 peut ainsi, en 1857, dans le *Rapport sur le grand prix des sciences physiques*, traiter d'une « marche régulière » de la nature comme « d'une tendance générale vers le perfectionnement successif des êtres », alors qu'en 1828 le catastrophisme le lui interdisait, notre auteur se satisfaisant de dégager quatre périodes de scansion, « séparées par des terrains vides correspondant à des temps de révolution », la Houille caractérisée par les Cryptogames vasculaires, le Trias par les Conifères, le Jurassique et la Craie réunis par les Cycadées, et le Tertiaire par les Dicotylédones. Cette hypothèse d'une marche-développement interne de complexification n'implique pourtant pas une descendance, et Brongniart en 1857 se situe en deçà même du lamarckisme car, s'il admet que

> « cette marche a été altérée par un second principe, souvent prépondérant, celui de l'appropriation des êtres aux conditions d'existence » (114),

il n'accorde par ce moyen que des « vicissitudes », mais jamais une production d'espèces ou de genres. Après 1859, le pas sera sauté : non point que le darwinisme soit compatible avec le concept et la philosophie d'une « marche de la nature », mais la révolution qu'il constitue ébranle la cité scientifique, à travers l'opposition

(114) Ad. BRONGNIART, Rapport sur le grand prix des sciences physiques pour 1856, *Compte rendu de l'Académie des Sciences*, XLIV, n° 6, p. 221. Brongniart suit ici de très près (d'autant qu'il en est le rapporteur) la thèse de G. H. Bronn.

même qu'il déclenche, et y inscrit la radicalité d'une évolution effective telle que tout discours fixiste apparaîtra désormais comme archaïque. En bref, scientifiquement convaincus par le transformisme, mais affectivement angoissés par le darwinisme, quelques penseurs d'après l'*Origine des Espèces* restitueront au concept de marche de la nature sa plénitude généalogique, mais y découvriront également des raisons et une sécurité à ne pas être darwiniens. Ainsi en va-t-il du paléobotaniste G. de Saporta. *Le Monde des plantes avant l'apparition de l'homme*, paru en 1879, et l'*Evolution du règne végétal*, en date de 1881, vont servir de base théorique à nos réflexions sur la philosophie de la « marche de la nature » dans la doctrine de Saporta, éminent spécialiste des flores tertiaires dont il fonde l'étude en France. La marche est d'abord située comme un jeu de déplacements locaux dans le passé, par irradiation et cantonnements alternés : Saporta exploite ici les concepts géographiques désormais classiques, station, aires de diffusion, confinement, barrières, tels que les ont mis au point les de Candolle notamment, et qu'un Henri Lecoq a organisées par l'idée d'une « marche » de la plante, « voyageant » à partir d'un « foyer » central, son « paradis », jusqu'à des limites de rayonnement conditionnées pour l'essentiel par le degré thermique (115). Pour Saporta, ces « excursions » s'intègrent à une marche générale de la flore du nord au sud au tertiaire dans des migrations collectives dues aux variations climatiques, en l'occurrence un refroidissement par glaciation :

> « Cette marche, logique et presque régulière dans son processus actif tient à des changements de climat, en liaison avec un abaissement progressif, insensible, de la température terrestre » (116).

Les recherches climatologiques ont connu, aux alentours de 1870, un développement essentiel, à la fois dans des tentatives pour mesurer la constante solaire, dans les polémiques sur les déplacements de l'axe terrestre, et dans les premières expérimentations

(115) H. Lecoq, *Etudes sur la géographie botanique de l'Europe*, 1854. Introduction, p. XI ; chap. I, p. 13 ; chap. II, p. 28. La « marche » reste ici connotée à une idéologie d'économie domestico-politique, avec les métaphores surdéterminées de « foyer », « patrie » (p. XI), « paradis ». Il s'agit du reste d'un « voyage » qui implique la non-coupure ombilicale, et d'un « rayonnement » qualifié par l'auteur lui-même de « colonisation » (p. XI).

(116) G. de Saporta, *Origine paléontologique des arbres cultivés ou utilisés par l'homme*, 1888, p. 2.

sur l'acclimatation (117). Saporta bénéficie donc de ce nouveau savoir et lui accorde une signification théorique majeure, souveraine pour notre propos : en effet, la modification climatique est traitée comme une différenciation (dans le sens des latitudes), conjointement d'ailleurs à une diversification du sol, lesquelles déterminent une différenciation parallèle des espèces. A l'extension géographique répondra donc l'expansion stratigraphique et l'extension organique : les

« phénomènes ont marché d'un pas égal, et la Terre a possédé une végétation d'autant plus variée qu'elle présentait elle-même plus de diversité... C'est à la longue seulement et dans la mesure même de la diversification croissante du sol que les associations locales se sont multipliées. La flore et les accidents du sol ont tendu à se spécialiser de plus en plus en s'écartant graduellement de l'uniformité originaire. C'est encore là une des applications les mieux caractérisées du principe si fécond de la division du travail organique » (118).

Le schème constitutif de la succession des flores est celui de séries qui se diversifient et se remplacent dans une marche graduelle vers une « apogée » et un « déclin » : ce dont témoigne par exemple la marche des monocotylédones. Il s'agit bien désormais d'une filiation, assurée par les recoupements de savoirs multiples : l'anatomie comparée qui se fonde sur l'unité de plan, la tératologie, « sorte de botanique expérimentale », l'histologie qui suit les différenciations de l'élément cellulaire primordial, l'embryologie — aussi bien « ce développement évolutif d'un être végétal ne saurait être sans signification » (119). Dans ces conditions, la « marche de la nature » peut engager quelques considérations générales. Elle est, d'une part et éminemment, un « progrès » : l'enchaînement des Cryptogames, caractérisant la période paléophytique, aux Angiospermes, prédominantes à l'ère néophytique, par l'intermédiaire des Gymnospermes au secondaire, procède « des plantes d'une organisation inférieure... à des groupes d'une structure plus élevée » (120). « Un perfectionnement absolu a été la conséquence de cette marche » ; certes, ce perfectionnement reste dévolu à certaines

(117) Travaux de J. Violle en 1875 : un des partisans en fut W. Thomson, lord Kelvin. — Recherches de G. Bonnier et Ch. Flahault en 1878.

(118) G. de Saporta - A. F. Marion, *L'évolution du règne végétal*, II, chap. IX, p. 185-186.

(119) *Ibid.*, chap. II, p. 23.

(120) *Ibid.*, chap. III, p. 58.

séries, et n'exclut pas des degrés, des « allures différentes » (121) : où c'est finalement un paramètre de la marche elle-même qui règle le débat. Celle-ci recèle donc les moyens d'assurer et de rendre intelligibles les variantes de son propre résultat ; n'est-ce pas aussi dire qu'elle persiste à les organiser et thématiser ? (122). Le progrès demeure donc incontestable : il « est le ciment qui relie toutes les parties de l'édifice » (123).

« Partir de l'algue et du mollusque inférieur ou même de plus bas encore pour aboutir à l'homme, et à l'homme intelligent, moral et religieux, n'est-ce pas constater le plus magnifique et le plus incontestable enchaînement de progrès... Quel spectacle que l'exécution de ce *plan* qui se poursuit *inexorablement*, comme un drame éternel marchant d'acte en acte pour aboutir à un *inévitable* dénouement, celui où nous devenons acteurs nous-mêmes, en pleine possession de nos destinées et conscients du rôle qui nous a été dévolu » (124).

L'individualisation, muée en personnalité par la conscience d'elle-même, véhicule et rejoint l'idéologie libérale à quoi nous faisions récemment allusion ; le spencérisme, au besoin, en apporterait la preuve explicite. La marche de la nature est, d'autre part et corrélativement, différenciation, c'est-à-dire évolution : où se fait la jonction avec von Baer et Milne-Edwards, car Saporta institue une correspondance stricte entre les constituants fondamentaux de l'être vivant, les formes premières de la vie embryonnaire, les créatures archaïques de la première population, et l'uniformité originaire des climats anciens ; du « simple », de « l'ambigu », du « flottant », du « variable », on passe au complexe, au spécialisé, au fixé : tels sont le vecteur et le sens de la marche ; elle est évolution cependant que toute évolution en devient une marche. Schimper, paléobotaniste français de la fin du XIXe siècle, l'écrit sans aucun doute possible :

« Cette marche peut s'appeler évolution, parce qu'elle marque un mouvement progressif de l'inférieur au supérieur, du simple au composé, exactement semblable à celui de tout individu d'une organisation compliquée » (125).

(121) G. de SAPORTA, *Le monde des plantes avant l'apparition de l'homme*, 1re partie, chap. I, p. 30.

(122) Comme un thème musical produit et garantit ses propres variations.

(123) *Ibid.*, 1re partie, chap. I, p. 12.

(124) *Ibid.*, p. 12-13.

(125) SCHIMPER, *Traité de paléontologie végétale*, I, Introduction, p. 76.

Le concept de différenciation assure donc l'articulation du climatique et de l'organique, en coordonnant une histoire à un espace, désormais qualifié par la double référence, adaptative de la « station », et mobile de la « migration ». L'espèce différenciée devient stable, car la possibilité évolutive est directement proportionnelle à la jeunesse et à la plasticité :

> « La marche tient aussi à l'épuisement de certaines races, et à l'essor de certaines autres, plus jeunes », et c'est là « un mouvement purement organique et évolutif » (126).

La « marche de la nature » s'assortit de celle des âges de la nature ; car la vie est une puissance qui s'affaiblit en s'exerçant : mythologie romantique, et particulièrement germanique — Herder a rêvé sur ce schéma des âges — à quoi s'adjoint peut-être une inclusion thermodynamique, celle d'une « force » qui se dégrade et choit dans l'inertie. La spécialisation, voie et indice de perfectionnement, a piégé la marche de la nature. Mais la « puissance vitale », continue et continuelle,

> « n'a eu réellement ni intermittence ni temps de sommeil ; la vie, depuis son apparition première, n'a cessé d'habiter la terre. Affaiblie parfois, elle y fait circuler sans trêve une sève constamment féconde » (127).

Une métaphysique de la vie, à travers la célébration d'une fécondité, s'achève sans contingence dans un optimisme qui, selon toute vraisemblance, avait préformé la première. Et le paléontologiste Gaudry d'affirmer en 1896 :

> « Nous, paléontologistes, dont la vie se passe à constater les progrès des êtres animés à tous les âges, nous devons être pleins d'espoir ; nous affirmons qu'en dépit des maux passagers, nous progresserons encore » (128).

Lamarck disait-il autre chose ?

Mais ceci, le darwinisme s'était refusé à l'inscrire dans l'ordre

(126) G. de Saporta, *Origine paléontologique des arbres cultivés ou utilisés par l'homme*, p. 2. Le paléontologiste d'Archiac avait schématisé en un strict parallélisme les processus physiques et le développement organique, de sorte que « toujours et partout la nature organique semble avoir marché du même pas, insouciante en quelque sorte des accidents de l'écorce terrestre » (*Cours de paléontologie stratigraphique*, 1864, II, p. 141) ; car chaque espèce a un temps interne de longévité propre : d'où la vitesse uniforme des changements organiques ; comparer avec Chambers (n. 39).

(127) G. de Saporta, *Le monde des plantes avant l'apparition de l'homme*, 2e partie, notions préliminaires, p. 158. Sur toutes ces questions, voir Y. Conry, *Correspondance entre Charles Darwin et Gaston de Saporta*, Paris, PUF, 1972.

(128) A. Gaudry, *Essais de paléontologie philosophique*, p. 212.

de sa biologie : il ne parlait que des vivants, en sursis dans une mort omniprésente ; il récusait toute « loi de développement » ; il dévalorisait — car il pouvait s'en passer — le concept de progrès :

> « La sélection naturelle agit exclusivement au moyen de la conservation et de l'accumulation des variations qui sont utiles à chaque individu dans les conditions organiques et inorganiques où il peut se trouver placé à toutes les périodes de sa vie. Chaque être tend à se perfectionner de plus en plus relativement à ses conditions... Mais nous abordons ici un sujet fort compliqué, car les naturalistes n'ont pas encore défini de façon satisfaisante pour tous ce que l'on doit entendre par un « progrès » de l'organisation » (129).

En comprenant la nécessité par la sériation aléatoire de contingences, en abandonnant à un triage les organisations vivantes, en livrant leurs destinées au seul critère d'avantages réversibles, en pensant l'équilibre en termes d'équilibration a-normative, le darwinisme a isolé les êtres en même temps qu'il ébranlait toutes leurs garanties essentielles, affectives et sociales. La marche de la nature présentait, quant à elle, les vertus contraires et compensatoires.

Aussi bien, parce qu'elle véhicule et organise des valeurs, elle se dénonce elle-même comme philosophie, cependant que, de par sa structure et dans la constance de son usage, elle mérite d'être tenue pour un concept idéologique. C'est à manifester et à distribuer les composantes de celui-ci que nous consacrerons notre dernière analyse ; car il semble bien qu'en registre d'idéologie, la marche de la nature soit une notion polysémique. En effet, par l'inscription continuiste de base, elle vaut pour un concept d'idéologie scientifique, tandis que par le postulat d'un progrès, elle participe d'une idéologie philosophique (130). S'agissant du graphisme de continuité, un double emprunt aux savoirs géologique et botanique confère à la marche de la nature simultanément une origine et une garantie dans « l'espace de la connaissance » (131). Par l'uniformité des changements, le processus de la marche bénéficie d'une part d'une lenteur qui, dans la prévisibilité désormais ménagée, pallie toute modalité de bouleversement — en cela se

(129) Ch. DARWIN, *Origine des espèces*, chap. IV, p. 133.

(130) Nous souscrivons à et nous utilisons l'analyse faite par Georges CANGUILHEM dans *Idéologie et rationalité dans l'histoire des sciences de la vie* (Qu'est-ce qu'une idéologie scientifique ?, p. 33 à 45), Paris, Vrin, 1977.

(131) G. CANGUILHEM, *Idéologie et rationalité dans l'histoire des sciences de la vie*, p. 39.

fonde, en dépit des variantes théoriques, la compatibilité épistémologique de Lamarck, Lyell ou Owen ; d'autre part, la régularité constitutive du mouvement — et sur ce point les assertions de Haüy, Brongniart, Saporta concordent — insinue sous la mobilité une catégorie de stabilité que signifient l'image réitérée des « traces » ou celle du « fil », dans la mesure où un tracé peut équivaloir à une tradition. De surcroît, le lieu de ce « devenir tranquille » (132) ne saurait être estimé indifférent : une théorie de la Terre à la fois fixe une échelle d'amplitude au champ d'une marche, et implique aussi la valorisation d'une conduite ; car enfin, le globe terrestre demeure l'habitat humain par excellence : les métaphores de la « patrie » et du « foyer » qui perdurent dans l'idée de la marche sont autant d'indices d'un anthropocentrisme, voire d'une téléologie, non réduits. Aussi bien d'ailleurs, si les idéologies scientifiques

> « sont des systèmes explicatifs dont l'objet est hyperbolique relativement à la norme de scientificité qui lui est appliquée par emprunt » (133),

l'inférence universalisante se montre ici à l'œuvre, puisque la continuité uniformitarienne est extrapolée par Lamarck du chtonien au naturel, et surtout déplacée à l'ordre supérieur de la vie. Ne faudrait-il pas alors accepter comme une nécessité interne, voire une affinité essentielle, cette corrélation, trop fréquente pour être accidentelle (134), d'une doctrine de la terre et d'une marche-échelle végétale. G. Bachelard, dans *La formation de l'esprit scientifique*, note que « tout ce qui pousse insensiblement est mis au compte d'une végétation » (135). Un commun « devenir tranquille et fatal » articulerait ainsi les deux savoirs dont nous avons dit ci-dessus qu'ils constituaient la racine et la caution de l'idéologie continuiste à l'œuvre dans le concept d'une marche de la nature. Quant à sa disposition, en effet, celle-ci se présente comme une gradation, série nuancée de distances spatiotemporelles minimales ou imperceptibles, franchies sans arrêt. Lamarck y rejoint Robinet et ne sera pas, sur ce point, démenti par Serres, cependant que Brongniart y instruira son adhésion à un développement des formes. Or, inclus dans une série, chaque être prend la suite en même

(132) G. Bachelard, *La formation de l'esprit scientifique*, chap. III, p. 153.

(133) G. Canguilhem, *Idéologie et rationalité dans l'histoire des sciences de la vie*, p. 44.

(134) On la trouve chez Lamarck, Brongniart, d'Archiac, Saporta. La *Naturphilosophie* s'y alimente dans son universalisme.

(135) G. Bachelard, *La formation de l'esprit scientifique*, chap. VIII, p. 153.

temps qu'il est une suite : l'ordre du vivant devient celui d'une participation, qu'elle soit de simple succession ou de filiation ; en quoi il acquiert le bénéfice et ressent la gratitude d'une rupture d'isolement : contre la solitude d'une individualité contingente ou contre la finitude des formes et des durées, la marche de la nature, parce qu'elle lie les structures et les mouvements, pallie les angoisses du vide, lacunes ou sauts, toutes béances qui révèlent l'aléatoire et le non-nécessaire, en un mot l'anti-essence. Le bienfait ontologique se redouble d'ailleurs d'un office que l'on pourrait dire administratif : si la marche est une échelle-suite, elle est aussi une échelle-échelons gravis ou à gravir ; elle garantit, exprime ou appelle une hiérarchie organique où la descendance se mue en ascension. Par là, espace et temps conjuguent l'horizontalité d'une suite à l'axiologie d'une verticalité. La marche de la nature décèlerait alors la hantise, et donc s'instituerait en essai de maîtrise d'une pulvérisation de l'être, soit dans l'accidentel, soit dans l'insignifiance. Ce vouloir-vivre, ou plutôt ce désir éperdu de ne pas se perdre pourrait bien être alors la racine inconsciente de la corrélation, larvée ou manifeste, mais permanente, de la « marche » de la nature avec une sexualisation de celle-ci : qu'il s'agisse d'un banal spectacle de la profusion des êtres, qu'il s'agisse d'une finalité reproductrice — Gœthe n'hésite pas à la désigner comme le Grand-Œuvre, redoublant ainsi, par l'allusion alchimique, l'élan vers la génération — qu'il s'agisse d'un mythe de la fécondité, tel celui repris par Saporta, la Nature s'exprime dans la vertu d'un engendrement perpétué et d'une croissance valorisée ; plus force que forme, elle appartient à l'ordre de la vie (136) ou d'une antimatière, et l'implant embryologique de sa marche vient confirmer le caractère sexualisé d'une puissance qui ne rompt jamais le « fil » ombilical. En cela, à nouveau, elle se définit comme idéologie scientifique puisqu'elle convertit un savoir pris pour origine en une philosophie de la nature et le pervertit à des fins de célébration mystique et d'apaisement psychologique (137). Dans ce sens, l'idée d'une marche de la nature est « naturelle », en tant que figure des besoins humains exprimés sous des intui-

(136) Ainsi Saporta y inscrit des âges et la vivacité de la jeunesse, cependant que Lamarck admet une génération spontanée dans l'intimité d'une chaleur.

(137) « Il y a toujours une science avant une idéologie dans le champ latéral que cette idéologie vise obliquement », G. Canguilhem, *Idéologie et rationalité dans l'histoire des sciences de la vie*, p. 44.

tions continuistes ; et ce n'est sans doute pas un hasard si la formule est née dans le cadre d'une biologie des fluides pour se prolonger dans celui d'une philosophie du développement. *A contrario* et conséquemment, la science darwinienne pourra, quant à elle, apparaître comme antinaturelle ; le temps de latence nécessaire à son introduction, et le moment de celle-ci, à savoir la reconnaissance du discours génétique discontinuiste, dévoilent une histoire contrariée car instituée à rebours d'une tendance spontanée.

Or cette « complaisance inconsciente » (138) en une propagation perçue comme caution d'être se renforce dans le postulat du progrès qui structure philosophiquement le concept d'une marche de la nature. La métaphore des « pas », utilisée à satiété par Chambers, Agassiz, Owen, d'Archiac ou Saporta (139), trouve ici son plein sens : si une suite de pas constitue un trajet, leur trajectoire affecte des allures et le parcours s'ordonne suivant un vecteur. En quoi la marche de la nature, pourvue de règles internes, est une organisation du mouvement, laquelle exclut le vagabondage, à l'instar de ces voyageurs cartésiens qui

> « se trouvant égarés en quelque forêt, ne doivent pas *errer* en tournoyant tantôt d'un côté, tantôt d'un autre... mais *marcher* toujours *le plus droit* qu'ils peuvent vers un même côté ; car, par ce moyen, ils arriveront à la fin quelque part où vraisemblablement ils seront *mieux* que dans le milieu d'une forêt » (140).

Ainsi, à l'antipode d'une errance, la marche de la nature s'allie, parfois sans le savoir — il en va ainsi dans le lamarckisme — ou entretient une complicité déclarée — tel est le programme de Robinet — avec une téléologie ; une marche d'ailleurs présuppose fréquemment une « route » (et se définit de ce fait comme un « voyage » (141) — l'expression est commune à Lamarck et à Milne-Edwards — c'est-à-dire un tracé préindiqué, supposant un cadastre, en l'occurrence une économie territoriale et une gestion de surveil-

(138) G. CANGUILHEM, *op. cit.*, p. 37.

(139) Voir n. 39, 83, 103 et 126. On peut aussi y rapporter la notion des « arrêts » de développement.

(140) DESCARTES, *Discours de la Méthode*, 3e partie, éd. Gilson, Paris, Vrin, 1954, p. 75.

(141) Cf. H. LECOQ. — Le terme de « voyage » correspond à un des sens du mot « marche » discriminé par LITTRÉ in *Dictionnaire de la langue française*, et nous rappelons le propos de ROUSSEAU : « Quand on ne veut qu'arriver, on peut courir en chaise de poste, mais quand on veut voyager, il faut aller à pied » (*Emile*, V, éd. Garnier, p. 523 : la lenteur y rappelle la thématique uniformitarienne).

lance : une *politia naturae* s'y inscrit nécessairement, cependant qu'un graphisme y trouve sa condition de possibilité, en deçà d'un débridé radical, irréductible à toute représentation optique. Aussi bien Gœthe peut-il affirmer :

« La langue française a, entre autres mots que nous devons lui envier, le verbe s'*acheminer*. Originairement il voulait dire se mettre en route, mais une nation intelligente comme la nation française devait comprendre que chaque pas que le voyageur fait en avant a une autre valeur, une autre signification que celui qui précède, car une fois dans la bonne voie, chaque pas le rapproche du but qu'il comprend et saisit de mieux en mieux. Ce mot *acheminement* a donc une valeur, une signification intellectuelle ; c'est un voyage, un progrès, mais dans un sens relevé » (142).

Une marche, en effet, s'apprend et se forme dans l'organisation des pas, où ceux-ci, radicaux simples de celle-là (143), se composent pour la constituer dans son déroulement, et se complexifient de la vitesse et de la direction : le progrès manifesté se définit ainsi comme un accroissement, comme un antidésordre, et comme le passage à une apogée terminale (144). Du simple au composé, de l'imparfait au parfait, la marche de la nature réassume la hiérarchie scalaire et légitime son déchiffrement comme métamorphose, cependant que, dans la seconde moitié du XIXe siècle, elle sera en mesure d'intégrer le principe de la division du travail. Le progrès est assurément la ligne de force, l'invariant et la règle totalisatrice d'une histoire des formes. Et de même que le marcheur peut, en se retournant, apprécier le chemin parcouru, le naturaliste s'instruit à la dégradation d'un parcours inversé, car sa représentation administre son contraire, le perfectionnement assuré : attitude de célébration implicite par contemplation d'un arrière-monde — Lamarck y cède —, conversion en un projet de transcendance — Robinet, Agassiz, Gaudry, Saporta y assurent leur métaphysique. Dans les deux cas, l'homme reste bien l'éminence d'un cheminement qui est un « acheminement ». Aussi bien une structure de progrès peut-elle réussir à s'épurer radicalement de la tentation anthropocentrique ? La marche de la nature mérite d'être, à ce

(142) *Travaux postérieurs*, *op. cit.*, p. 309. A nouveau, LITTRÉ : faire de grands pas = faire des progrès.

(143) Le pas est ainsi l'équivalent strict de l'organisme élémentaire, de l'invertébré, support de la constitution d'une marche de la nature.

(144) L'expression est utilisée par SAPORTA, et dans le *Dictionnaire des sciences naturelles*, LAMARCK extrapole aux corps célestes le pouvoir de la nature : un référent astronomique n'est peut être donc pas à exclure de l'idée d'une marche.

niveau, tenue pour le concept idéologique d'une philosophie humaniste.

Mais ceci ne saurait être sans conséquence s'agissant de la succession des vivants. Car il n'est pas indifférent que l'idée de leur histoire ait commencé sous la double liaison d'une marche et d'un pouvoir (de la nature et de la vie) ; représentation originaire, mais aussi schéma résistant puisqu'il serait loisible de le repérer encore dans le discours bergsonien. *L'évolution créatrice* décrit en effet une « marche à la vision », du simple amas pigmentaire à l'œil « déjà différencié » de l'Alciope, ou à l'œil « merveilleusement perfectionné » d'un oiseau, où « la forme exprime la mesure dans laquelle a été obtenu l'exercice de la fonction » — Lamarck y souscrirait sans doute — et qui « s'effectue en vertu de l'élan originel de la vie », « impliquée dans ce mouvement même » (145). Or il nous paraît que la corrélation d'une marche et d'une généalogie, estimée réciproque, permet d'effectuer et opère en vérité une conversion de termes : en signifiant la marche de la nature comme une histoire des êtres, on a aussi postulé que toute histoire se structurait en une marche ; le lamarckisme et les doctrines non darwiniennes de l'évolution au XIXe siècle ont fonctionné dans ce cercle, qui prend pour type d'explication ce qui précisément fait problème, et que le darwinisme, quant à lui, résoudra en l'éliminant. Or l'illusion logique que nous dénonçons ici a trouvé justement sa raison d'être dans les offices idéologiques de la dite formule. Cette conversion de rapports s'accompagne d'une inversion de statut : la marche de la nature, justifiant de traiter en écarts, anomalies, vicissitudes les circonstances interférentes, la positivité d'événements ponctuels ou contingents s'annule dans la déviance par rapport à un axe, et l'échelle de progression se déplace d'un fait à une norme, en instituant une logique d'ordre. L'histoire y risque désormais d'être escamotée par l'Idée de la Vie : une dichotomie déclarée entre les circonstances et le pouvoir de composition d'une dynamique vitale (146) rend caduque, ou à tout le moins minimale, voire privative, l'inscription du réel extérieur dans l'immanence du devenir biologique. En l'occurrence, Agassiz pourrait être désigné comme modèle du genre par la déportation dans une

(145) *L'évolution créatrice*, chap. I, p. 97 ; car « la vie est avant tout une tendance à agir sur la matière brute » : à nouveau, on retrouverait Lamarck.

(146) LAMARCK, cf. n. 54 dans le présent texte ; également CHAMBERS, d'ARCHIAC, BRONGNIART.

théologie naturelle que nous comparerions volontiers à la perspective de l'idéalisme hégélien.

Ainsi, au terme de cette recherche, l'idée même d'une marche de la nature apparaît comme un moment, un stigmate et un dépôt idéologique dans la science de l'histoire des vivants. De par la constance de son usage, elle découvre une fonction inhérente à l'esprit humain lui-même : la recherche de sécurité et de sens. Est-ce à dire que nous tendions par là à réanimer le mythe d'une nature humaine ? Notre conviction ni notre intention ne sont telles ; toutefois, nous suggérons qu'à la différence des sciences, le propre des idéologies reste la permanence et l'identité, si bien qu'une histoire continuiste se ferait *ipso facto* reconnaître soit pour une histoire des idéologies, soit pour une histoire idéologique des sciences. Cette perduration à travers des cultures différenciées et des savoirs remaniés, s'agissant au moins de la représentation d'une marche de la nature, nous semble tenir, d'une part, à l'inscription mortelle de tout vivant, faisant que le plus rationnel subit, de par sa corporéité même et dans son affectivité viscérale, l'angoisse de son irrésistible négation, et, d'autre part, à une volonté de puissance, mode complémentaire du précédent dans la mesure où un sentiment d'infériorité véhicule nécessairement l'évocation d'un risque et l'anxiété d'une menace. Cette situation de démunition trouve alors son palliatif dans l'invention d'une marche par quoi l'on prend possession de l'espace, du temps dans les générations passées et futures, et d'une valeur par la hiérarchie d'un perfectionnement. Exigence convertie en certitude, il se pourrait alors que l'illusion vitale à l'œuvre dans cette « marche » reproduise, en l'étendant et la prolongeant, celle à l'œuvre dans toute biologie vitaliste, « expression de l'identité de la vie avec soi-même, dans le vivant humain conscient de vivre » (147) : où la paternité hippocratique rappelée au début de cette recherche deviendrait, au-delà d'une origine, une fondation philosophique.

(147) G. Canguilhem, *La connaissance de la vie*, 2e éd., Paris, Vrin, 1965, p. 86.

LE STATUT DE *LA DESCENDANCE DE L'HOMME* ET *LA SÉLECTION SEXUELLE*

Poser la question du statut de *La Descendance de l'homme* revient, en un sens, à renouveler l'intention darwinienne qui a présidé à l'ouvrage, test destiné à « m'assurer jusqu'à quel point les conclusions auxquelles mes » autres travaux m'ont conduit, pouvaient s'appliquer à l'homme »[1]. D'ailleurs, la préface de la deuxième édition en 1874 inscrit deux rappels explicites à *L'Origine des espèces.* Mais ces renvois à l'œuvre antérieure laissent place à des interférences d'interprétation qui, précisément, engendrent le problème en soi et pour le lecteur contemporain : si *La Descendance* se situe dans la suite de *L'Origine des espèces,* est-ce à titre de simple compatibilité doctrinale, d'identité théorique, de communauté de problématique ? L'application garantit-elle la cohérence du texte ? Confère-t-elle à l'étiologie sélective la simple extension d'un champ d'exercice ou un statut différent quant à sa compréhension ? De surcroît, entre 1859 et la première édition de *La Descendance* en 1871 ont paru, en matière d'anthropologie, les ouvrages initiateurs de Haeckel (*Generelle Morphologie,* 1866 ; *Natürliche Schöpfungsgeschichte,* 1868), conjoints avec le doublé en 1863 de Th. Huxley *(Evidence as to Man's Place in Nature)* et de C. Vogt *(Vorlesungen über den Menschen).* Or, si *La Descendance,* en dépit de la tempête philosophico-religieuse qu'elle va soulever, ne peut plus prétendre à l'originalité quant à l'ascendance animale de l'homme, elle n'en risque pas moins de souffrir de compromissions, voire de les pratiquer. Si bien que l'enjeu de notre question, à savoir le statut de cet ouvrage darwinien, se précise désormais comme celui d'une estimation de la nature et du lieu du darwinisme. Entendons par là que, de *L'Origine des espèces* à *La Descendance,* se joue le glissement, dans l'œuvre elle-même, de Darwin au darwinisme, d'une théorie scientifique à un investissement idéologique : en discernant, au sein de *La Descendance,* les conditions de ce passage, nous espérons pouvoir montrer que les greffons idéologiques pluriels, mais cohérents, ne sont pas nécessairement déductibles du savoir biologique de *L'Origine des espèces,* mais représentent la coalescence d'une structure culturelle et politique préalable (l'européanisme dominant) et de certaines composantes, proprement darwiniennes, conceptuelles et heuristiques, antérieures à *L'Origine des espèces,* dont nous pensons pouvoir assigner la source au niveau même du voyage du *Beagle,* et dans les premières démarches des *Notebooks.* Ainsi l'interrogation sur le statut de

La Descendance permettra peut-être, sinon de régler, du moins de récuser certaines attributions ou recherches contemporaines de paternités, qu'il s'agisse d'une stigmatisation de la théorie ou de sa captation extra-scientifique. En définitive, il importe de faire apparaître comment on substitue un mythe à une science, et à quelles conditions un discours scientifique existe et fonctionne comme tel.

En dépit de son programme déclaré d'estimation de la théorie évolutive sous l'espèce de l'étiologie sélective, l'articulation interne de *La Descendance de l'homme* s'avère mal assurée et son unité peu apparente. Toutefois l'ordonnancement du discours pourrait s'élaborer en quatre niveaux et moments : le rapport de l'homme à l'animal, dont la double analyse, comparative (chap. 1 à 4) et généalogique (chap. 6) met en place la problématique d'une descendance, entendue comme histoire naturelle de l'homme, s'arrêtant à « l'homme primitif » dont la représentation, équivoque, recouvre simultanément nos « ancêtres semi-humains » et le « sauvage ». Celui-ci, en l'occurrence prélude — bien qu'il ne soit pas absent du premier — au second thème, celui du rapport de l'homme avec lui-même, par le biais d'une investigation « ethnologique »[2] qui s'essaie à tenir la sélection naturelle pour facteur dominant quant au progrès vers et dans la civilisation : notons au passage que *La Descendance*, pas plus que les autres œuvres du genre à l'époque, ne réussit à discriminer rigoureusement les concepts de nations, races, populations. Aussi, cette distribution des groupes humains peut-elle prendre, en troisième lieu, dans le chapitre 7 de *La Descendance*, la forme d'une biologie des races, « point de vue de naturaliste » qui serait susceptible de valoir pour une anthropologie physiologique, combinant une estimation taxinomique de spécificité, mono- ou polygénique, et un énoncé de problèmes bio-géographiques — quant à l'extinction des races humaines où se retrouve la thématique de la civilisation — et quant à la formation des races, pour lesquelles la sélection naturelle impuissante fait place à la sélection sexuelle dont l'examen constitue le reste de *La Descendance.* Si précaire que soit l'unité de cet ensemble, elle nous paraît néanmoins repérable : en effet, *the Descent* [of Man] désigne en anglais (la traduction française s'avérant ici infidèle) la lignée, c'est-à-dire autant ce dont l'homme descend — et c'est l'anthropologie-histoire naturelle — que ce qui descend de lui comme genre, à savoir les races qui ont divergé depuis « les temps primitifs », ou encore, en usant d'un terme plus compréhensif, les formes humaines diversifiées. *La Descendance* peut, dans cette mesure, se traiter tout entière comme un essai de rationalisation de l'ordre des différences, de l'animal à l'homme, de l'homme à ses propres formes hétérogènes.

Cependant, de l'aveu de Darwin lui-même, « le présent ouvrage ne renferme presque point de faits originaux sur l'homme »[3], et en l'occurrence, la compilation est patente. Mais, s'il est hors de question, et selon nous vain, de recenser les références, le rappel de cette stratégie d'emprunts ne s'avère pas inutile, dans la mesure où elle autorise à reporter en deçà de l'œuvre darwinienne certaines responsabilités thématiques, dont quelques adversaires lui ont, par ignorance ou par machiavélisme, assigné le monopole. Ainsi, du postulat selon lequel le progrès et la domination d'une tribu, d'une race ou d'un peuple doivent être attribués à leurs aptitudes mentales et morales, sélectionnées pour leur avantage dans la lutte pour l'existence [4] : cette considération reprise en compte par Darwin à la suite de Wallace est d'abord formulée par ce dernier en mai 1864 dans son article à l'*Anthropological Review*, intitulé « The Origin of Human Races and the Antiquity of Man deduced from the Theory of Natural Selection » [5]. L'histoire de la biologie délivre ici des linéarités simplificatrices et abusives, en faisant apparaître un circulus doctrinal et conceptuel, à travers lequel la théorie darwinienne, dont Wallace a tiré une inférence, s'instruit en retour à celle-ci qui pourtant est « quite new to me » [6]. Cependant l'appropriation peut valoir pour approbation, laquelle toutefois réintroduit le problème du statut de *La Descendance :* car, comment Darwin a-t-il utilisé les travaux dont il se réclame ? Abstraire d'un texte une notion n'implique pas nécessairement qu'on en épouse la philosophie : la reconnaissance du principe démographique malthusien, opératoire aussi dans *La Descendance*, n'infirme pas la proclamation d'un progrès des sociétés ; pas davantage le recours réitéré à l'ethnographie de Lubbock [7] ne convertit *La Descendance* en un corpus ethnologique. Aussi bien le traitement darwinien dérive-t-il à l'occasion dans un éclectisme suspect, voire périlleux, car sans discernement de problématique. Par exemple, dans *Types of Mankind* publiés en 1854 par Nott et Gliddon, polygénistes compromettants de par leur raciologie [8], *La Descendance* retient le parallélisme de distribution biogéographique des mammifères et des formes humaines [9], lors même que Darwin a annoté positivement les *Researches of the Physical History of Mankind*, ouvrage commis en 1812 par Prichard, monogéniste résolu.

La Descendance mérite par là d'être tenue pour un énoncé surdéterminé, la surimpression de discours définissant la condition même d'une structuration idéologique puisque, au sens marxiste du terme que nous empruntons pour l'heure, il y a ici le jeu d'une double entrée et d'une double entente qui pose l'écart où s'insérera l'illusion. En effet, ce dont hérite *La Descendance* et ce sur quoi elle fonctionne, c'est d'une part un savoir à titre de matériau informatif et d'instrument de travail (l'anthropologie humboldtienne [10], les recherches sur l'anatomie et l'embryologie comparées du cerveau, les premiers dépouillements d'archéologie préhistorique parmi d'autres), d'autre part une modélisation axiologique, en l'occurrence des normes d'estimation non critiquées, aussi bien véhiculées par les lectures darwiniennes — il n'est que de citer Spencer, Greg, Bagehot, Galton, etc. — que diffuses mais dominantes dans l'ordre bourgeois européen du XIXᵉ siècle : l'apologie du mariage contre l'abomination morale et dysreproductive du célibat [11], la légitimation de la propriété [12], les mythes colonisateurs [13], la souveraineté du technologique pour l'évaluation du degré de civilisation [14] : tous ces stéréotypes sont colportés communément et pris en compte dans *La Descendance* à travers une ethnologie naissante qui y sacrifie, voire s'y fonde. Ainsi Edmé Jomard écrit en 1839, dans ses *Etudes géographiques et historiques sur l'Arabie :* « il importe, il est urgent même, pour l'avenir de l'espèce humaine et pour le besoin de l'Europe surtout, de connaître à fond le degré de civilisation de toutes les races ; de savoir exactement en quoi elles diffèrent ou se rapprochent, quelle est l'analogie ou la dissemblance entre leurs régimes, leurs mœurs, leurs religions... afin de lier entre elles et nous des rapports plus sûrs et plus avantageux. Tel est l'objet de l'ethnologie »[15]. En contrepoint au doyen français de la Société de géographie, Lubbock ne fera que circonscrire le programme à l'Empire britannique : « L'étude de la vie sauvage a, en outre, une importance toute particulière pour nous, Anglais, citoyens d'un grand Empire, qui possède, dans toutes les parties du monde, des colonies dont les habitants indigènes présentent tous les degrés de civilisation »[16]. Au demeurant, de par sa maturation chronologique[17], *La Descendance* s'inscrit dans l'officialisation de l'anthropologie et les débuts de l'ethnologie, c'est-à-dire dans la constellation signifiante des années 1830 à 1840. En effet, après la focalisation des recherches sur le mono- et polygénisme de la deuxième décennie, la taxinomie des races s'élabore[18], avec des fortunes diverses, mais pour l'essentiel dans la problématique craniométrique, et l'on peut tenir pour décisive la publication simultanée en 1839 de *L'Homme américain* d'Alcide d'Orbigny et des *Crania américana* de Morton. Cependant l'ethnologie se structure, dans la double tradition des historiens (tels A. Thierry) et des géographes-voyageurs, entre les années 1839-1842 où se fondent respectivement les Sociétés d'ethnologie de Paris et de Londres. Or cette période historique voit débuter la colonisation française et se poursuivre l'expansion du Commonwealth, à telle enseigne qu'en 1859, lorsque Broca fonde la Société d'anthropologie, le marquis de Blosseville pourra publier son *Histoire de la colonisation pénale et des établissements de l'Angleterre en Australie*[19]. A la vérité, les deux savoirs dont nous faisons état (ethnologie et anthropologie), parce qu'ils ne sont pas des apologétiques, ne développent pas une finalité pratique de justification, mais on peut estimer remarquable la concordance de leur commencement et d'un événement, coexistence dont, de surcroît, quelques théoriciens admettent la nécessité, enkystés qu'ils sont dans l'économie d'un système qui n'a pas, pour l'heure, fait l'objet d'une radicale récusation politique[20]. Or ce contexte idéologique général forme en partie le sous-texte de *La Descendance* qui fonctionne ainsi dans « un déplacement de son point d'application »[21]. La définir, à l'instar de Darwin, comme un test de l'extension à l'homme d'une théorie, l'évolution par sélection, apparaît désormais non pertinent, puisque d'autres cribles préexistants et à normativité spontanée ont pu entrer en jeu.

Toutefois, si *La Descendance* participe à cette structure mentale qu'est, dans la seconde moitié du XIXe siècle, l'idéologie de la civilisation où viennent converger les diverses composantes de l'ordre européen[22], c'est dans la problématique sélectionniste qu'elle la fonde, et il nous appartient maintenant de déterminer à quelles conditions épistémologiques, théoriques, philosophiques l'essai darwinien fut pratiqué, et cohérent avec *L'Origine des espèces* : le statut du texte de 1871 se fixera, voire s'estimera sectoriellement par comparaison aux réquisits d'un discours antérieur qu'on peut légitimement tenir pour scientifique.

Quelles sont donc les structures opératoires de *La Descendance* immanentes aux considérants ethnologiques, c'est-à-dire à l'étude « du développement des facultés [sociales, intellectuelles, morales] pendant les temps primitifs et civilisés »[23] ? Leur « perfectionnement graduel » est réputé l'œuvre de la sélection naturelle. Or le traitement de celle-ci opère, nous semble-t-il, une double conversion du concept, à savoir une régression philosophique et un déplacement de son statut épistémologique. En effet, son office se déchiffre comme la purgation des déviants, procédant par le rejet génésique, territorial ou vital de toutes les « infériorités », dans « une marche de l'élimination ». Qu'il s'agisse bien ici d'une sélection à modèle d'épuration, la preuve en est administrée par la contre-sélection socio-culturelle, qui s'avère délétère du fait de l'entrave au libre jeu de l'évacuation des « membres débiles ». L'admission de « compensations » vient toutefois tempérer ce genre de propagations[24] : leur nature importe peu ici, mais la représentation qui y est apparente, et le vocabulaire qui lui est connoté renvoient à l'idéologie dix-huitiémiste, voire linéenne, d'une économie naturelle, où les extinctions assurent la police des populations. Certes, nous sommes avec Darwin dans la dynamique d'une évolution et non plus dans la perpétuité d'un ordre *a priori*, mais la normalisation reste à l'œuvre dans le biais d'une sélection qui expurge les contrariétés au progrès. A ce niveau conceptuel, *La Descendance*, qui conjugue sans doute les enseignements de Greg et de l'eugénique galtonienne[25], se compromet avec l'archaïsme de l'économie naturelle que *L'Origine des espèces* a précisément contribué à reporter dans une idéologie.

A cette régression philosophique du concept de sélection s'adjoint un infléchissement de son statut épistémologique, qui dérive d'un « principe », dénomination habituelle dans *L'Origine des espèces*[26] à une loi « inflexible »[27] ; au lieu de résumer et de coordonner les faits de variation [individuelle] et de reproduction [galopante], la sélection fonctionne à présent comme la loi du progrès. C'est-à-dire qu'elle continue certes à sérier les phénomènes biologiques en les soustrayant à l'arbitraire des créations indépendantes — ainsi expliquons-nous le difficile paragraphe de *La Descendance*[28] où Darwin récuse « l'aveugle hasard de la formation des êtres » : il ne s'agit pas ici pour la sélection de régler comme un anti-hasard la contingence de la production des formes vivantes, mais de la délivrer d'une décision (d'un gré) divine : Darwin prend le contre-pied de Cuvier écrivant l'article « Nature » du *Dictionnaire des sciences naturelles*[29] — ; mais en outre, la sélection désormais ordonnée à la norme spencérienne de la « survivance des plus aptes », la régularisation de l'évolution humaine y est devenue prédominante, et, en lieu et place du Dieu-providence, la sélection naturelle est naturalisée en table des lois. Or, malgré le désir darwinien de regrouper les phénomènes de phylogenèse sous ce que, en 1838, il désigne à Lyell comme des *sub-laws*[30], *L'Origine des espèces,* même à travers les « lois de l'hérédité » et les « lois de la variation » a échoué dans la synthèse législative, modèle et fait de la physique, mais non pas du vivant : « Que l'on jette en l'air une poignée de plumes, » elles retombent toutes sur le sol en vertu de certaines lois définies ; mais » combien le problème de leur chute est simple quand on le compare à » celui des actions et réactions des plantes et des animaux innombrables » qui pendant le cours des siècles ont déterminé les quantités proportion-

» nelles d'arbres qui croissent aujourd'hui sur les ruines indiennes »[31]. De surcroît, Darwin a sans doute gardé en mémoire l'ironie et l'opposition de Herschel envers Chambers, stigmatisant sa loi du *higgledy-piggledy*. Bref, la problématique du développement biologique n'est pas réductible à un monde de type galiléo-newtonien. Mais l'idéal légaliste[32], premier, voire formatif, ne s'en est pas pour autant dissipé, et nous suggérons que *La Descendance* pourrait en être la restitution, par le biais d'une anthropo-ethnologie qui est finalement dans un état (au sens comtien du terme) équivalent à la zoologie des débuts darwiniens[33]. Aussi bien l'idéologie spencérienne s'appropriera-t-elle rapidement la sélection naturelle pour légitimer l'économie politique libérale sous-jacente à ce type d'évolutionnisme. Page et Greg, dont Darwin a respectivement annoté la publication sur l'homme parue en 1867 et l'article de 1868 dans le *Fraser's Magazine*[34], Page et Greg donc célèbrent la « salutaire loi de sélection naturelle ». Que le relais de l'anthropologie sociale ait été, en fait et en droit, opératif dans ce réinvestissement au niveau de *La Descendance*, nul ne s'en étonnera, d'autant que Darwin fréquenta, avec H. Martineau, le cercle de Carlyle. En vertu de quoi *La Descendance* dans cet ordre pourrait se lire comme le retard à appliquer la souveraineté quasi mythique d'une loi — à bivalence biologique et sociale — originellement fonctionnelle pour une zoologie antithéologique, avortée au niveau de l'écologie dans *L'Origine des espèces*, et réintroduite dans un secteur parallèle dont l'état de dispersion et l'émergence récente simultanément appelait et facilitait l'ambition d'une totalisation inexorablement prématurée et simplificatrice en soi. Ainsi Lewis Morgan, après *La Descendance* et au-delà de celle-ci, s'essaiera dans *Ancient Society*[35] à une histoire de l'humanité cependant qu'en 1871, l'année même de *La Descendance* donc, Tylor avait déjà publié une *Primitive Culture*.

Or quel que soit le poids des variants qui différencient les projets des trois ouvrages, et dont nous ne pouvons faire état, ils véhiculent une identique philosophie générale, en doublet : d'une part, celle d'un schéma ethnologique scalaire qui, pour *La Descendance*, passe, sans toutefois s'y réduire, par la méthodologie craniométrique des indices céphaliques que vient d'élaborer Retzius[36], et fait que, de ce point de vue, *La Descendance* se révèle affine avec le savoir et la problématique d'un Broca par exemple, entendons par là celle d'une distribution sérielle et d'un développement graduel ; d'autre part, l'idéologie du progrès que le siècle sécrète économiquement et culturellement, à l'évidence au bénéfice de l'Occident, reste aussi une structure opératoire majeure de *La Descendance*, puisque la sélection naturelle a désormais pour office de l'assurer. Dans ces conditions, l'ouvrage darwinien peut-il être traité comme la philosophie biologique d'une mystique sociale, voire humaniste ? A dire vrai, dans cet ordre de questionnement, *La Descendance* reste fondamentalement ambiguë. Elle sacrifie certes au critère dominant, à savoir le niveau technologique d'une société, à quoi l'évolution biologique offre sa caution par le corrélat d'une intelligence artisanale et d'un état de développement cérébral[37] ; mais si *La Descendance* transcrit cette norme socio-économique, elle n'en trahit pas moins des réticences quant à la détermination du progrès. « Il est facile de nous tromper sur ce qui constitue la perfection »[38] ; elle souligne les obscurités de la notion dépourvue de critère expérimental, et réduite à une estimation soit plurielle, soit relative : « Il. est difficile » d'indiquer pourquoi une tribu plutôt qu'une autre réussit à s'élever sur » l'échelle de la civilisation »[39] ; en l'occurrence, plutôt que sélectif, le mode de perfectionnement s'avère souvent de type lamarckien, par l'exercice dû au besoin et à l'action directe des conditions d'existence[40] ; *La Descendance* expose encore des rétrogradations ou désigne des relictes non éliminées : en vertu de quoi le « sauvage moderne » pourra d'ailleurs valoir pour témoin de « l'homme primitif ». Certes, le perfectionnement est objectif si on l'identifie à la division du travail et à la spécialisation, qui opèrent dans les deux plans d'une embryo-physiologie et d'une socio-économie où la projection du modèle des sociétés industrielles et l'utilisation de l'ordre biologique fonctionnent dans une totale circularité[41]. *La Descendance* est dans cette mesure la reprise de *La Variation des animaux*[42] ; il est toutefois plus délicat d'apprécier la transition avec *L'Origine des espèces ;* si en effet *La Descendance* récuse une « prétendue ten- » dance innée au développement continu, la sélection *n'agissant jamais » que de manière expérimentale* »[43], la *première* édition *de l'Origine des espèces exclut* toute référence au progrès biologique : ni problème, ni problématique donc, la question s'avère sans objet et nous en prenons acte. Le traitement n'en apparaît qu'à la troisième édition en 1861, mais il comporte alors une multiplication d'arguments négatifs et de considérants que *La Descendance* a expurgés[44]. Il appert donc que l'application à l'homme de la théorie évolutive implique des disjonctions théoriques déjà décelées et signifiantes, et qu'en tout cas elle ne soit pas arrivée, avec le darwinisme de *La Descendance,* au décentrement culturel, condition même de sa scientificité.

Or, ces structures opératoires de *La Descendance* nous semblent trouver leur cohérence dans ce que nous proposons d'appeler une économie de la domestication. Celle-ci en effet sous-entend, voire s'identifie à la problématique darwinienne de la civilisation. Alors que le terme attend encore sa définition — Tylor en propose en 1871 une mise en place sous la forme d'un bilan constitutif[45] — *La Descendance* par le jeu d'un parallèle réitéré[46] inscrit en filigrane de texte une représentation quasi zootechnique du civilisé, c'est à dire de celui qui a accédé aux moment et niveau de l'agriculture. L'idée court à travers les ouvrages ethnographiques du temps, en particulier dans ceux de Lubbock que Darwin a lus[47], mais elle s'y réduit à un document, ne portant pas encore un marquage théorique. Or, la doctrine darwinienne de la sélection est précisément pertinente à l'opérer, dans la mesure où, dès le retour du *Beagle,* les expériences de domestication seront requises pour matériau d'investigation de la variation. Aussi bien le temps d'écriture de *La Variation des animaux et des plantes* est-il à peu de chose près celui-là même du début de rédaction de *La Descendance ;* un déportement de l'un à l'autre était donc quasiment inévitable, et les références aux « sauvages » se multiplient dans le chapitre IX de *La Variation*[48], à telle enseigne que la proposition suivante pourrait passer pour empruntée à *La Descendance :* « nous savons mainte-

» nant que, dès une époque excessivement reculée, l'homme était assez civi-» lisé pour cultiver la terre » [49]. La domestication s'avère donc, dès 1868, la problématique unitaire des deux registres d'investigation, le biologique et l'anthropologique.

Or, cette assimilation sémantique de l'éleveur et du civilisé [50] permet, en faisant jouer en anthropologie culturelle les deux composantes de la domestication, d'affiner le statut de deux problèmes importants de *La Descendance.* D'une part, en effet, sous l'influence des changements opérés par l'élevage dans leurs conditions d'existence, la fécondité des sujets a tendance à s'accroître, favorisant ainsi l'expansion-domination des « races civilisées » [51], cependant que la colonisation qui perturbe aussi les conditions de vie des indigènes en reçoit son intelligibilité (à aucun moment toutefois justificative), puisque l'extinction de certaines populations tasmaniennes soumises (littéralement en captivité) n'exprime plus qu'un trivial phénomène démographique [52], où s'inverse en quelque sorte la pression malthusienne de population. C'est donc ici l'économie de la domestication qui structure une problématique socio-politique en donnant la possibilité de sa réduction à un point de vue biologique. Corrélativement, le perfectionnement que vise tout éleveur confère une composante nouvelle à l'idéologie politico-culturelle du progrès. En fait, il serait plus pertinent de signaler ici les cohérences et convergences internes de ces divers points de vue ; *La Descendance* y manifeste un graphisme d'imbrications réciproques de l'idéologique et du théorique [53], sans que pour autant on puisse réduire celui-ci à celui-là.

Ainsi en va-t-il de la philosophie du « sauvage » qui est administrée par cette économie de la domestication. On n'y est certainement pas dans l'ordre d'un concept scientifique. Sacrifiant à la subjectivité (culturelle) d'une description de traits esthétiques et éthiques [54], équivoque en confondant race, nation, population, à l'occasion usant du schématisme comtien des trois états [55], la notion a plutôt le statut d'une « catégorie » : aussi bien l'hypostase *du* sauvage se substitue-t-elle trop fréquemment au catalogue ethnographique *des* sauvages ; et si l'on cherche à dresser celui-ci — Darwin au demeurant disposait déjà des tableaux de Prichard et de Lubbock [56] — l'on s'aperçoit que leur distribution géographique, celle des cultures, et la territorialité coloniale s'y recouvrent exactement (Néo-Zélandais ; Patagons ; Australiens ; Tasmaniens ; Mélanésiens ; Maoris ; Boschimans ; Hottentots). Or, *La Variation des animaux et des plantes* l'avait déjà indiqué : « Ni l'Australie, ni le Cap de Bonne Espérance, ni la Nou-» velle-Zélande, ni l'Amérique du sud de la Plata ne nous ont fourni une » seule plante utile » [57]. Mais si le problème scientifique des proto-agricultures est appelé à reprise, sans être d'ailleurs résolu de nos jours mêmes (les recherches de C. Sauer en 1952 [58] en font foi), le statut du « sauvage » n'en éprouve pas moins ici une transformation décisive. En effet, comme pré-civilisé, le « sauvage moderne » rejoint désormais la primitivité inculte : l'on s'est donné par là le niveau et les moyens d'une investigation rationnelle qu'on peut tenir pour radicale et féconde puisqu'elle met définitivement un terme à l'utopie dix-huitiémiste de « l'état sauvage » en même temps qu'elle institue l'objet réel d'un savoir : témoin, le « sauvage moderne » va se traiter comme les organes vestigiels de l'anatomie comparée, comme les formes fossiles vivantes, bref comme une relicte de l'évolution[59]. De ce fait, *La Descendance* tout entière prend littéralement les « sauvages » à témoin, bien en-deçà d'un racisme dont on s'est souvent complu, sans doute pour en oublier d'autres, à attribuer la paternité à Darwin : car enfin, il faut bien le dire clairement au moins une fois, Darwin n'est pas Gobineau, Darwin n'est pas Vacher de Lapouge. A ce point, il nous apparaît qu'au sein des « sauvages modernes », le Fuégien que l'expédition du *Beagle* va donner l'occasion de contempler, voire de fréquenter — puisqu'elle ramène également trois autochtones antérieurement acclimatés en Grande-Bretagne — ce Fuégien vaut pour *modèle* dans *La Descendance* et dans la pensée darwinienne, sans doute au même titre de radicalité originaire que la faune ornithologique des Galapagos. Il nous semble en effet que, référentiel dès les *Notebooks*[60], d'un poids existentiel notoire dans le *Journal de Voyage*, omniprésent dans *La Descendance*[61] (quant au sens et quant à sa situation discursive), il a pu être, sinon le révélateur d'une anthropologie culturelle, du moins son catalyseur ; témoin privilégié, il nous paraît avoir contribué à l'organisation de ce dernier ouvrage ; en tout état de cause, il vaut pour l'une de ses articulations statutaires ; et il faut bien reconnaître que, pour ce qui concerne son traitement moderne, l'essentiel du portrait darwinien a été préservé, qu'il s'agisse de la dichotomie des « pêcheurs des archipels » [*Yamana* — Chono — Alakaluf sur le versant Pacifique] et des « chasseurs de la pampa » [*Ona* — Tehuelche — sur le versant Atlantique : Patagons], ou qu'il s'agisse de l'organisation familiale et sociale. Certes, les témoignages des premiers voyageurs ont été affinés et enrichis : la littérature fuégienne est longue depuis Cook, Drake et Bougainville, et l'homme de la Terre de Feu a passé traditionnellement pour être au plus bas de l'échelle culturelle ; ainsi donc se confirmerait la fonction dominante que nous suggérons de lui conférer dans les thématiques constitutives de *La Descendance*. Nous ne pouvons ici nous livrer à une étude comparée, qui serait au demeurant souhaitable, de celle-ci et du *Journal de Voyage* dans ses deux éditions de 1839 et 1845 ; mais un propos au moins exige d'être relevé : avant d'avoir vu les Fuégiens, « je ne me figurais pas combien est énorme la différence » qui sépare l'homme sauvage de l'homme civilisé, différence certainement » plus grande que celle qui existe entre l'animal sauvage et l'animal domes» tique, ce qui s'explique d'ailleurs par ce fait que l'homme est susceptible » de faire de plus grands progrès »[62]. Même sentiment de révélation dans la lettre adressée à sa sœur Caroline le 30 mars 1833. *La Descendance* fait ici incontestablement retour aux sources : ainsi faut-il toujours savoir d'où l'on parle. Or, en la matière, c'est l'économie de la domestication tout entière qui impose d'être réfléchie car elle donne la mesure de *La Descendance* : empruntant à l'évidence à l'ordre de la sélection artificielle, son usage démontre qu'ici, à la différence de *L'Origine des espèces*, la sélection humaine ou inconsciente[63] acquiert une fonction structurelle constitutive, et ne se réduit pas à un rôle pédagogique ou originairement heuristique comme c'est le cas dans le texte de 1859. La cohérence de *La Descendance* s'en trouverait fortifiée car on y rapporterait aussi l'ordre de la sélection sexuelle, analogue avoué de la sélection zootechnique[64], puisqu'elle fait intervenir un processus de « préférence » dans l'accouplement, qui correspond, *stricto sensu*, au geste de choix de l'opérateur.

Bien que la question ait occupé un volume très appréciable de *La Descendance* (la 2e partie, en fait), nous nous limiterons ici à lui consacrer deux commentaires destinés à éclairer, s'il se peut, le statut du traitement élaboré. Il semble, en premier lieu, que l'on puisse, sans abus épistémologique, tenir la sélection sexuelle pour une notion scientifique : principe opératif de par le regroupement de faits d'observation, sa capacité de synthèse se corrèle à une délimitation de champ par rapport à la sélection naturelle, où Darwin perçoit au passage que le dimorphisme sexuel peut aussi relever de la sélection naturelle. Ainsi le concept satisfait à la règle scientifique d'une discrimination de légitimité fonctionnelle. Et si des travaux actuels [65] ont conduit à mettre en cause la pertinence de la distinction entre les deux formes sélectives [66] — question moins polémique que critique, à la différence de son homologue au XIXe siècle [67] —, il faut y voir une marque supplémentaire de sa rationalité qui tolère la rectification ultérieure sans l'induire nécessairement ni logiquement. Nous retiendrons par exemple que le pouvoir discriminatoire du mâle par la femelle a été confirmé [68], mais que le déterminisme de ce comportement a été reporté sur l'inégalité de l'investissement physiologique des deux sexes dans l'acte reproductif, dont le montage a pu ainsi être effectué par la sélection naturelle [69]. En cela — et c'est notre deuxième remarque — le mécanisme darwinien est expurgé de l'anthropomorphisme psycho-esthétique colporté par son postulat du goût ou de la préférence de la femelle, ce qui, en retour, délie la sélection naturelle de tout corrélat, fût-il analogique, avec la sélection artificielle ; et si l'on ajoute qu'à la fréquence d'un conflit direct entre les mâles, on a substitué l'impératif de la possession d'un territoire, on aura, à l'intérieur de *La Descendance*, situé l'ordre de la sélection sexuelle comme celui d'un hybride théorique, et confirmé par là même que la science fonctionne comme expurgation des idéologies.

Or, le dernier corpus de *La descendance* — premier cependant dans l'ordre d'exposition et pierre d'achoppement pour la passionnelle histoire des origines humaines — ce dernier corpus fonctionne, lui aussi, sur deux registres. Authentique savoir d'une part, qui capitalise et coordonne les connaissances acquises et admises de cette seconde moitié du XIXe siècle : une embryologie expérimentale qui a commencé à s'instruire à la théorie cellulaire, une anatomie comparée qui s'est fécondée à l'hypothèse désormais positive des homologies et analogies, une physiologie qui s'essaie à l'exploration du système nerveux, une pathologie qui tente de conjuguer la clinique bernardienne et la bactériologie pastorienne, une histoire naturelle en doublet taxinomique et biogéographique, une doctrine de l'hérédité qui se cherche. Fondé sur ces informations scientifiques, le bilan des ressemblances entre l'homme et les « quadrumanes » doit s'interpréter comme le signe non trompeur d'une généalogie [70]. L'évidence demeure indirecte, certes, mais par la répudiation des « créations séparées », *La Descendance* signe le moment de la sortie d'une mythologie de l'origine humaine, et donne à l'anthropologie historique son objet naturel, sa méthode (comparatiste) et sa problématique (le gradualisme). La confirmation de la filiation simienne pourra ultérieurement être affinée à partir de la caryologie, de la sérologie et de la biologie moléculaire : l'évolution humaine est désormais acquise et *La Descendance* appartient, dans cette mesure, à une histoire sanctionnée de la biologie. « L'homme descend » d'une forme moins parfaitement organisée que lui. Les bases sur les- » quelles repose cette conclusion sont inébranlables. »[71] Au demeurant, l'organisation de la phylogenèse, empruntée d'ailleurs à Haeckel, et qui ne cesse d'être retouchée, importe moins dans la théorie darwinienne et pour nous-même que cette proposition critique où nous percevons un sens proprement révolutionnaire : « si l'homme n'avait pas été son propre classificateur, il n'eût jamais songé à fonder un ordre séparé pour s'y placer »[72]. Or expliquer l'illusion, c'est proprement faire œuvre anti-idéologique. A ce point donc, *La Descendance* assume un statut strictement et consciemment scientifique. Il importe toutefois d'attirer l'attention sur le fait, curieux de prime abord, que la théorie darwinienne n'utilise pas pour « bases » les morphologies, certes incomplètes, voire contestées, des premiers hominiens connus, alors qu'à cette date l'anthropologie préhistorique, si jeune science qu'elle soit, vient de s'enrichir des fossiles de Néanderthal (1856), d'Arcy-sur-Cure (1859) et de Cromagnon(1868) notamment[73]. L'étrangeté de ce silence, alors que le problème de formes intermédiaires a préoccupé *L'Origine des espèces* et lui a valu des objections, son étrangeté se dissipera peut-être si l'on accorde qu'en fait la théorie darwinienne n'avait pas besoin de ces spécifications humaines, ou n'en avait plus besoin en 1871, car sa problématique gradualiste s'assurait au départ et dans tous les ordres de ses travaux, dans une philosophie de la continuité. Qu'il s'agisse d'une suite organique transitionnelle, de constat paléontologique ou à fonction polémique antithéologique, d'une proximité des formes vivantes reliées par leurs analogies structurales et fonctionnelles, d'une linéarité d'échelle à finalité de perfectionnement, d'une série de variations traitées comme fluctuations infinitésimales (contre la mutation du *sport*), la continuité régit l'ordre du discours darwinien comme son idéal et sa nécessité (hors d'une génétique absente théoriquement). Et ses premières expressions dans les *Notebooks* par le biais de références philosophiques à Bacon[74] rejoignent les postulats de *La Descendance* en matière de psychologie animale, laquelle pourtant fonde l'ethologie en cessant de réduire le comportement animal à un mécanisme qui, depuis Descartes, infeste généralement le traitement du vivant non humain ; mais ce savoir nouveau devra se libérer, contre Darwin lui-même, des implants anthropomorphiques que la philosophie de la continuité a contribué à importer dans l'éthologie darwinienne[75]. Une fois encore, l'ambivalence et l'ambiguïté de *La Descendance* la rendent difficile à estimer, mais pas au point de percevoir, dans ce transit continuiste à schéma idéologico-scientifique, une « vue moniste » selon l'affirmation « matérialiste » de Haeckel en 1909, ou d'y repérer, comme C. Vogt, une manifestation de « la circulation générale qui anime le monde entier »[76], propos porté dans le cadre d'une théorie physique de la force, intégrée sans doute au récent savoir de la thermodynamique.

Pour le dire tout net, *La Descendance* nous paraît un ouvrage déviationniste, et ce à trois niveaux. Mais si le premier est celui d'une idéologie définie comme passage à la limite, l'application de la sélection naturelle à l'homme, qui réalise certes une extrapolation, ne saurait toutefois être assimilée à un déportement hors du vivant par quoi s'est défini historiquement l'évolutionnisme. Parce qu'il n'a pas pour origines une physique, pour conclusions une cosmie, pour finalité une justification d'un système socio-industriel, le darwinisme de *La Descendance* demeure incommensurable à une idéologie scientifique de type spencérien (ou haeckelien d'ailleurs). Il reste néanmoins affecté par la séduction et l'illusion d'un universalisme, tant dans son aspiration au progrès et à une loi du progrès que par sa croyance à l'unité et à une norme de la civilisation. Une anthropologie non différentielle donne ici le type et le niveau de l'idéologie. Mais *La Descendance* la véhicule aussi à titre d'inconscience ou de méconnaissance du lieu de sa procédure [77], car enfin Darwin croit appliquer *L'Origine des espèces ;* mais nous avons vu sous quelles dénaturations, avec quelles compromissions ou quels « non-dits » *La Descendance* est parvenue à effectuer son programme. Ce leurre idéologique exclut donc qu'on se représente l'ouvrage de 1871 comme une évolution doctrinale. Enfin, et ce dernier niveau est déterminant, *La Descendance* est idéologique dans son obliquité vis-à-vis de *L'Origine des espèces.* Nous voulons signifier par là que, en contrepoint de la fausse conscience, la problématique scientifique de l'évolution dans *L'Origine des espèces* était susceptible de fournir à *La Descendance* d'autres moyens et d'autres solutions que ceux retenus. La souveraineté accordée à l'individualité biologique, c'est-à-dire le rôle dévolu à la variation quasi illimitée, eut dû préserver de toute tentation de typologie raciale ou nationale ; le concept d'adaptation défini par la seule viabilité circonstantielle eut pu soustraire radicalement le progrès au schématisme orienté d'un développement ; le relativisme écologique traduit dans le réseau local et mouvant de niches provisoires et de territoires diversifiés eut dû abolir le globalisme biologico-culturel ; en définitive, la multilinéarité des rapports entre des vivants idiosyncrasiques et les équilibres partiels des populations et des organisations, sans référent d'ordre *a priori* ni de supériorité en soi, c'est-à-dire d'essence, avaient pour vocation une bio-anthropologie de la différence, du pluralisme et de la contingence [78]. D'où il appert que la théorie scientifique darwinienne n'est nullement compromise par le darwinisme idéologique de *La Descendance,* et qu'on ne peut, sans abus, les identifier ou les faire valoir l'un pour l'autre, puisqu'aussi bien nulle logique déductive ne les relie, et qu'au contraire *La Descendance* a mésusé de la problématique de *L'Origine des espèces* [79].

Mais si celle-là est un déviant de celle-ci, elle retrouve par contre des sources précritiques, à savoir non théorisées. Entre juillet 1837 et juillet 1838, les *Notebooks* répètent sans fin l'examen de la notion de loi, en même temps qu'ils introduisent l'intérêt pour le problème de l'homme et les premiers corrélats du « sauvage » et du « civilisé » [80]. Les dates de ces premiers Carnets justifient d'admettre qu'il y a là incidence directe du voyage qui vient de se terminer, et dont le récit paraîtra sous la forme du *Journal* de 1839 et dans une version remaniée en 1845. Si *La Descendance* peut être dite un texte pré-darwinien, c'est donc éminemment par renvoi au *Voyage,* qui lui apporte, à titre de référent, l'instance décisive du Fuégien [81]. Aussi bien d'ailleurs la littérature qui lui sert de bibliographie peut-elle s'ordonner dans un double champ : celui d'ouvrages anthropologiques que l'on peut dire techniques, et celui, précisément, des récits d'exploration où le XIXe siècle conjugue, sans toujours les coupler, les intérêts du savoir, les nécessités d'un décuplement du négoce et le programme d'une politique expansionniste. L'élan humboldtien a ainsi renouvelé la connaissance des indigènes américains peu avant que débutent les voyages de Caillié (Sénégal 1829), de Dumont d'Urville (1837) ou d'Orbigny (1839) parmi d'autres. Ce couplé de l'anthropologie et des voyages a donc souvent été coïncidence puisque les ethnologues sont des voyageurs et que ces derniers s'improvisent fréquemment anthropologues, avec toutes les approximations engendrées par ce fait, et que tenteront de pallier les *Instructions aux voyageurs*. En ce sens, l'ethnologie est la suite normale et la relève directe de la promenade géographique, à l'échelle humaine : sous cet angle, la place de l'homme dans la nature s'avère le correspondant exact de la distribution biogéographique. Et Darwin, quant à lui, cumule en lui toutes ces circularités : la pérégrination, la consultation des translations des pérégrinations, consultation immédiatement consécutive à la sienne propre — il n'est que de feuilleter le *Darwin Reading Notebook*[82] — et ultérieurement la lecture des anthropologues, pèlerins ou non, qui se conjoint d'ailleurs, après *L'Origine des espèces*, à celle des textes ayant déjà exploité cette dernière (ainsi de Wallace, Spencer, Galton).

Mais le genre du « voyage » reste en soi ambigu, et le *Voyage du Beagle* ne faillira pas au double registre que comporte ce genre d'expérience, de nature et d'humanité. Or, si Darwin s'instruit au dépaysement géographico-géologique au point d'y fonder une biologie révolutionnaire des espèces, il importe, dans son voyage anthropologique, une idéologie ethnocentriste à travers laquelle la découverte du Fuégien reçoit l'empreinte normative multiforme du modèle européen. Si bien que *La Descendance* peut, comme l'*Origine des espèces*, s'inspirer du même voyage sans avoir le même âge, et inscrire une archétypie culturelle là où l'autre a élaboré une révolution scientifique. *Homo christianus, europeanus, britannicus*, tel nous semble être le dernier-premier crible de l'ouvrage de 1871. Le « coup d'œil rétrospectif » du *Journal du Beagle*, quant à lui, ne laisse aucune valeur dans l'ombre : « Quand on considère l'état actuel de l'hémisphère austral, on ne peut qu'avoir le plus grand » espoir relativement à ses progrès futurs. On ne saurait, je crois, trouver » dans l'histoire aucun parallèle aux progrès de la civilisation dans » l'hémisphère austral, progrès qui ont suivi l'introduction du christia- » nisme. Le fait est d'autant plus remarquable que, il y a soixante ans » à peine, un homme dont on ne peut mettre en doute l'excellent juge- » ment, le capitaine Cook, ne prévoyait aucun changement semblable. Et » cependant, ces progrès ont été accomplis dans l'esprit philanthropique » de la nation anglaise. L'Australie, dans le même hémisphère, devient » un grand centre de civilisation, et dans peu de temps sans contredit, » elle deviendra la reine de cet hémisphère. Un Anglais ne peut visiter » ces lointaines colonies sans ressentir un vif orgueil et une profonde » satisfaction. Hisser où que ce soit le drapeau anglais, c'est être assuré » d'attirer en cet endroit la prospérité, la richesse et la civilisation »[83]. Mais ce texte du *Journal* n'est rien d'autre que la version explicitement nationaliste de l'utopie du progrès, sous couvert d'une conversion idéologique de la norme européenne en norme universelle de civilisation. De la sorte, *La Descendance*, qui véhicule des idéologies multivalentes et hiérarchisées, sans pouvoir être réduite à un pur statut d'idéologie, ne pourrait-elle pas se traiter comme la philosophie d'un voyage ambivalent, car il portait en germe deux ordres de structures, scientifiques et culturelles, celles-ci pré-existantes à celles-là, ce qui correspond à la préforme d'une idéologie. De surcroît, si *La Descendance* a pu exprimer ces valeurs liminaires — tel est le sens du retour aux sources — c'est à travers une sorte d'effet de « boomerang », à savoir à travers les emprunts à ses contemporains, tels Wallace, Galton, Tylor parmi d'autres, qui ont été l'occasion, les véhiculant eux-mêmes sous d'autres modalités, de réaffirmer les préjugés d'origine. Pour ce faire, l'ouvrage de 1871 a dû élaborer des compromis, effectuer des distorsions conceptuelles que nous avons tenté de faire apparaître et de mettre en œuvre, alors que la problématique scientifique de *L'Origine des espèces* eût donné la possibilité d'un autre déchiffrement. Il nous semble donc licite, au terme de cette recherche, de continuer à proclamer le caractère révolutionnaire sans précédent, le statut de science et la fécondité insurpassée de *L'Origine des espèces*, c'est-à-dire de la théorie darwinienne de l'évolution. Qu'il me soit permis de reprendre ici ce que j'ai cité ailleurs, une estimation de l'œuvre de Darwin par le journal *Le Temps* au moment de sa mort en 1882 : « Il » n'est pas sûr que ce nom, lorsqu'on fera plus tard le compte des » hommes qui ont illustré le XIXe siècle, ne prenne pas place parmi les » cinq ou six noms les plus considérables. Le grand inventeur est celui » qui ne rencontre pas seulement une vérité saisissante, mais dont la » découverte modifie les données fondamentales de la pensée humaine. » Darwin appartient à la famille de ces génies-là. Nous avons en lui, » moins qu'un Newton sans doute, mais beaucoup plus, assurément, qu'un » Linné ou qu'un Cuvier »[84]. Je ne sais, quant à moi, si Darwin est moins que Newton et plus que Cuvier ; mais il me paraît que *L'Origine des espèces* reste une structure d'instruction scientifique cependant que *La Descendance* vaut aussi pour structure d'instruction épistémologique.

NOTES ET RÉFÉRENCES

1. *La Descendance de l'homme et la sélection sexuelle*, trad. E. Barbier, Paris, Reinwald, 1881, p. XII. [Nos références seront faites à cette édition comme *Desc.*] Egalement chap. XXI, conclusion principale, p. 637.

2. La désignation d'une « ethnologie » comme catégorie philosophico-pédagogique apparaît pour la première fois en 1787 avec Chavannes dans son *Essai sur l'éducation intellectuelle avec le projet d'une science nouvelle*, où il lui assigne pour objet « l'histoire des progrès des peuples vers la civilisation ». Le XIXe siècle lui conférera l'institutionnalisation d'un savoir par le biais de la fondation de sociétés : en 1839, W. Edwards crée celle de Paris, dans la suite de sa brochure à A. Thierry « sur les caractères physiologiques des races humaines dans leurs rapports avec l'histoire », cependant que Prichard ouvre en 1842 celle de Londres, dans l'ordre d'une investigation en registre biologique sur l'espèce humaine et ses diverticules raciaux ; ainsi se nouent les inextricables confusions, scientifico-

idéologiques, du réseau anthropologico-ethnologique d'un déchiffrement naturaliste et/ou culturaliste.

3. *Desc.*, p. XIII.

4. *Ibid.*, 1re partie, chap. V, pp. 138-145 ; p. 153. Également, lettre de Darwin à W. Graham en date du 3 juillet 1881 : « Je pourrais prendre les armes en montrant que » la sélection naturelle a fait plus et fait plus encore pour le progrès de la civilisation que » vous ne semblez enclin à l'admettre. Rappelez-vous quel risque les nations européennes » ont couru, il y a relativement peu de siècles, d'être submergées par les Turcs, et voyez » combien cette idée paraît ridicule à présent ! Les races dites caucasiennes, plus civilisées, » ont vaincu l'Ottoman à plates coutures dans le combat pour la vie », *Vie et correspondance de Ch. Darwin*, publiées par Francis Darwin, trad. H. de Varigny, 1888, I, p. 368. Traduit par nous.

5. La référence explicite de Darwin à Wallace se trouve p. 138 de *La Descendance*. En l'occurrence, cet article s'est avéré très influent : il est également résumé et loué par J. Lubbock, *L'homme avant l'histoire*, trad. Barbier, 1866, ch. XIV.

6. Darwin à Wallace, 28 mai 1864, lettre citée par John C. Greene, « Darwin as a Social Evolutionist », in *Journal of the History of Biology*, vol. 10 (1977), n° 1, p. 9.

7. J. Lubbock, *L'homme avant l'histoire ;* les chap. XI et XII, consacrés notamment à un constat des modes de vie, coutumes et techniques des « sauvages modernes » : à quoi, sans doute possible, Darwin a emprunté factuellement, confirmant ou complétant ses expériences personnelles du *Voyage sur le Beagle ;* mais ce qui reste bilan documentaire dans l'œuvre de Lubbock devient démonstratif dans la problématique darwinienne.

8. « Certaines races humaines seraient stationnaires et à tout jamais barbares, n'était » l'introduction d'un sang nouveau et de nouvelles influences [c'est-à-dire conquêtes et colo» nisation]. Quelques-uns des types raciaux les plus bas sont déséspérément au-dessous du » seuil de ces salutaires stimulants d'amélioration » [Nott]. A propos de la race indienne « Choctaw » : « aucune ingéniosité humaine ne peut l'inciter à s'instruire... A qui a vécu » parmi les Indiens, il est inutile de parler de les civiliser. Vous pourriez aussi bien tenter » de changer la nature d'un buffle » [Gliddon], in J. C. Nott, G. R. Gliddon, *Types of Mankind*, 1854, Introd., p. 53 ; chap. I, p. 69.

9. *Desc.*, 1re partie, chap. VII, p. 185 : où Darwin se satisfait de *présenter* les arguments polygénistes, puisqu'aussi bien la théorie de l'évolution règle la polémique (*Desc.*, pp. 198-199).

10. Darwin utilisera amplement l'*Essai politique sur le Royaume de la Nouvelle Espagne*, paru en 1811.

11. *Desc.*, 1re partie, chap. V, pp. 151-52. L'apologie — circonspecte — du mariage reste en tout état de cause sous-tendue par l'idéologie de l'ordre domestique, qui converge avec une première ethnologie de la parenté telle que la construisent les travaux, connus de Darwin, de J. F. Mac Lennan (*Primitive Marriage*, 1865) ou de J. J. Bachofen (*Das Mutterrecht)*. Ce texte de la *Desc.* peut être mis en rapport avec la 2e partie, chap. XXI, p. 651, où le problème de la réglementation du mariage, toujours traité en registre de productivité sélective, se greffe sur un rejet simultané d'une eugénique naissante (avec Galton) et du malthusianisme bourgeois.

12. *Ibid.*, 1re partie, chap. V, pp. 146-147.

13. *Ibid.*, 1re partie, chap. V, p. 154. La « normalité » de l'impérialisme anglo-saxon (et de tout autre à l'époque) dispensait même ici Darwin d'emprunter à Galton dont il avait toutefois annoté l'article « Hereditary Talent and Character », paru in *Macmillan's Magazine*, en juin-août 1865 (traitant des qualités psychologiques et morales des émigrants britanniques en Amérique). Une lettre à Lyell, en date du 23 septembre 1860, manifestait déjà, latéralement, cette évidence d'une supériorité de l'homme blanc, *Vie et correspond. de Ch. Darwin, op. cit.* (note 4), II, p. 21. Mais *aucun texte* de Darwin ne milite pour, n'envisage, ni même n'évoque cette « solution radicale » d'une extermination des « races inférieures » fût-ce au nom des « races caucasiennes », telle qu'on la trouve programmée en 1867 par exemple dans un pamphlet de D. Page, *Man : Where, Whence and Whither* [Cf. J. Greene, *op. cit.* (note 6), p. 18].

14. *Desc.*, 1re partie, chap. V, p. 138. A quoi l'on peut adjoindre l'idée commune — mais a-t-elle cessé de l'être ? — d'une infériorité native de la femme rejetée ainsi dans une infra-civilisation (*Desc.*, 2e partie, chap. XIX, pp. 581-582).

15. *Op. cit.*, p. 403.

16. J. Lubbock, *Origines de la civilisation et état primitif de l'homme*, trad. sur 2e éd. 1873, chap. I, p. 3.

17. Les premiers intérêts et références sont exprimés dans les *Carnets* de juillet 1837 à juillet 1838, c'est-à-dire en immédiate consécution avec le *Voyage* sur le *Beagle*. Quant à la rédaction de *La Descendance*, le *Journal* de Darwin, édité par Sir Gavin de Beer, in *Bull. of the British Museum — Nat. Hist. — Historical Series*, London, vol. 2 (1959), nº 1, indique qu'elle a commencé le 4 février 1868, dès la parution de *La Variation des animaux et des plantes...*, avec une acmé en 1869 et 1870. Matériaux et thématiques ont donc été mis en place entre 1837 et 1867.

18. Dans le re-travail des deux schémas originels de Linné (1758) et Blumenbach (1775-1808). Voir *Desc.*, 1re partie, chap. VII, p. 191.

19. Signalons en outre, pour ne citer que des ouvrages français, en 1857, *Histoire des nations civilisées du Mexique et de l'Amérique centrale* (Brasseur de Bombourg) ; en 1858, *Le Pérou avant la conquête espagnole* (Desjardins) ; en 1859, *La France aux colonies* (Rameau) ; en 1861, *Histoire de l'émigration européenne, asiatique et africaine au XIXe siècle* (1861-1863) (J. Duval).

20. On se reportera avec utilité à l'ouvrage de J. R. Seeley paru en 1883 (trad. française 1885), *L'expansion de l'Angleterre*. Les critiques réformistes (que colportent vers 1830 quelques théoriciens proches d'A. Smith, des industriels manchestériens, des hommes politiques, tel H. Parnell), ces critiques portées au système colonial sont issues des risques encourus du fait d'une extension démesurée, ruineuse pour les finances de l'Empire et échouant, à terme, dans l'éclatement des possessions. Ce scepticisme sur l'avenir de la colonisation n'a pas d'écho politique : en 1832, le parti conservateur, dans la tradition de Pitt et Fox, milite pour l'expansion (Inde, Afrique) au nom d'une gloire nationale et d'une œuvre de tutelle, déclarée civilisatrice et bénéfique pour les dominés. En dépit des réserves reprises en 1862 dans le *Daily News* par Goldwin Smith, le ministère Palmerston de 1859 à 1866, et Gladstone en 1868 continuent l'aventure coloniale (notamment en Océanie), à l'occasion rivale de celle de la France, et avec des mesures prudentes de libéralisme politique consenti afin d'assurer la durée du Commonwealth. Le paternalisme des missions s'inscrit naturellement dans cette finalité politico-idéologique. Le principe colonial reste donc incontesté, même si sa pratique tolère, par nécessité, quelques accommodements.

21. G. Canguilhem, *Idéologie et rationalité*, Paris, Vrin, 1977, p. 36.

22. « L'homme blanc et civilisé n'oubliera pas les routes qu'il s'est ouvertes... Ainsi, » en vertu de faits qui s'enchaînent et de nécessités qui s'imposent, les races humaines » futures auront été renouvelées par une large infusion de sang blanc, c'est-à-dire par l'élé- » ment ethnologique qui a jusqu'ici porté le plus loin et le plus haut le développement de » l'intelligence humaine », A. de Quatrefages, *Rapport sur les progrès de l'anthropologie*, 1867, p. 492, cf. note 13.

23. *Desc.*, 1re partie, chap. V : tel est l'intitulé du chapitre.

24. *Ibid.*, 1re partie, chap. V, pp. 145 à 151 : compensations à la propriété, au droit de primogéniture, à la maintenance des infirmes ou des malades, etc. Notons toutefois que pour Darwin, le secours — *légitime* — aux faibles, résulte d'un « instinct de sympathie », lui-même produit de la sélection naturelle dans l'évolution des instincts sociaux : la contre-sélection devient ici le contrepoint indirect de la sélection.

25. Galton, *op. cit.* (note 13) : sans toutefois en accepter le principe (voir note 11).

26. Citons, entre autres, chap. II, pp. 30, 31, 32, 33 ; chap. III, p. 67 ; chap. IV, pp. 85, 86, 140 (*Origine des espèces*, trad. Barbier, 1876, sur la 6e éd. angl. 1872).

27. *Desc.*, 1re partie, chap. II, p. 46. Appliquée à la sélection, l'expression figure une fois dans l'*Origine*, *op. cit.* (note 26), chap. IV, p. 87, mais dans l'éd. de 1872 et non pas dans la *première* édition : il pourrait alors s'agir d'une rétroaction conceptuelle de la *Desc.* sur *L'Origine des espèces*.

28. *Ibid.*, 2e partie, chap. XXI, p. 645.

29. *Dictionnaire des Sciences nat.*, 1825, t. XXXIV : où Cuvier milite pour la volonté arbitraire d'un législateur qui fait la loi sans lui être assujetti ; à cet impérialisme de la contingence de l'action divine, Etienne-Geoffroy Saint-Hilaire avait, contre ce même article de Cuvier, répondu par le monopole de la Loi, inscrite dans l'uniformité de plan organique (*Principes de Philosophie zoologique*, 1830, p. 59). Or, les deux textes étaient connus de Darwin, puisque, dès le premier *Carnet* (juillet 1837 - février 1838), il fait — pp. 112 et 114 du manuscrit et p. 54 de l'éd. Gavin de Beer, 1959 — d'après les *Principes de philosophie zoologique*, référence à Cuvier et à son article « Nature ». Cf. aussi *Origine*, *op. cit.* (note 26),

chap. III, p. 80. Egalement, pour la substitution de la loi à la volonté, *Notebook* « M » : « Il n'est pas moins remarquable que les lois immuables de la nature aient été universelle- » ment comprises comme la volonté d'un être supérieur... Lorsqu'on perçoit ceci, on soup- » çonne que notre volonté ait pu se former à partir des lois immuables de l'organisation » (le texte est transcrit dans H. Gruber, *Darwin on Man*, London, 1974, p. 69). « Les change- » ments ne résultent pas de la volonté des animaux, mais d'une loi d'adaptation analogue » à ce qui se passe pour l'acide et l'alcali », *First Notebook*, éd. Gavin de Beer, p. 43. Il faut peut-être relire dans ce contexte les critiques formulées contre Lamarck dans une lettre à Hooker, 14 janvier 1844, *Vie et Correspondance, op. cit.* (note 4), I, p. 499.

30. Darwin à Lyell, 13 septembre 1838, *Vie et correspondance, op. cit.* (note 4), I, p. 345.

31. *Origine, op. cit.* (note 26), chap. III, pp. 80-81. Selon nous, la problématique darwinienne en la matière a commencé à s'infléchir dans l'*Essai* de 1842. En effet, s'agissant des phénomènes d'extinction et de production des formes, une rature du manuscrit fait apparaître la substitution du terme « moyens » *(means)* à celui de « lois » *(secundary laws)* préalablement inscrit (restitution de ce qui fut biffé, in *Evolution by Natural Selection*, éd. Gavin de Beer, Cambridge University Press, 1958, p. 86). La première édition de *L'Origine des espèces* convertira les « moyens » en « causes », terme maintenu au fil des republications. On ne saurait surestimer ces rectifications terminologiques et, en vérité, conceptuelles.

32. Dont les expressions abondent dans les *Carnets*. Il semble que la problématique originaire en soit celle de l'astronomie dont Darwin déplace le point d'application en géologie et en sciences naturelles : les recherches sur les phénomènes volcaniques et sismiques, commencées en Amérique du Sud dans la suite des travaux lyelliens, pourraient ainsi valoir pour incitation et modèle d'épistémologie et de représentation générale de la nature. « Quelle » puissance beaucoup plus simple et sublime que celle qui laisse l'attraction agir selon » certaines lois, et ainsi en dérivent d'inévitables conséquences, qui laisse l'animal suivre, » après avoir été créé, les lois fixes de la génération, et ainsi en dérivent ses successeurs..., » qui laisse les changements géologiques se produire selon une certaine fréquence, et ainsi » s'engendrent la quantité et la distribution des espèces », *First Notebook*, p. 53, 101-102 mss. Des lectures ont pu ici se greffer, notamment celle de Geoffroy Saint-Hilaire déjà cité, qui a l'avantage de se corréler avec le référent astronomique newtonien. En tout état de cause, on est, à ce moment de la recherche darwinienne, au niveau *minimal* d'une théorie d'évolution : en deçà d'une étiologie, sans spécification de sélection (sans originalité, ce dont Darwin convient lui-même : *Notebook* III, p. 138 - 69 ms). Mais le légalisme n'en reste pas moins [il faudrait même dire à cause de cela] survalorisé à titre d'idéal, à la fois épistémologique — comme pouvoir de synthèse, la loi rend la théorie scientifique possible — et polémique — car elle permet d'infirmer l'indépendance des créations : cf. lettre à Baden-Powell citée in *Notebooks* ed. par Gavin de Beer, p. 122.

33. « L'idée de M. Le Comte d'un état théologique de la science, grande idée... La » zoologie elle-même est maintenant purement théologique », *Notebook* « N », *in* Gruber, *op cit.* (note 29), p. 332 - p. 12 ms.

34. Pour Page, voir note 13. W. Greg, « On the Failure of Natural Selection in the Case of Man », *Fraser's Magazine for Town and Country*, sept. 1868.

35. *Ancient Society* a paru en 1877.

36. En 1842. Cf. *Desc.*, 1re partie, chap. II, p. 37, pp. 54, 56. Pour la critique des distinctions de la brachycéphalie et de la dolichocéphalie, voir Th. Dobzhansky, « Genetics and the Races of Man », in *Sexual Selection and the Descent of Man, 1871-1971*, ed. Campbell, 1972, pp. 64-65.

37. *Ibid.*, 1re partie, chap. V, p. 139 : « Les nations civilisées réussissent surtout, quoi- » que pas exclusivement, grâce à leurs arts, produits de leur intelligence. » Egalement, chap. II, p. 47.

38. *Ibid.*, 1re partie, chap. III, p. 96.

39. *Ibid.*, 1re partie, chap. V, p. 144 ; « Nous sommes disposés, ainsi que l'a fait remar- » quer M. Bagehot, à considérer le progrès comme la règle normale de la société humaine ; » mais l'histoire contredit cette hypothèse.

40. *Ibid.*, 1re partie, chap. III, p. 94 ; chap. V, p. 144 (rôle du climat ; modes de vie non nomades) ; chap. II, pp. 27 à 33. La « marche du progrès », *The Beagle Record*, ed. Richard D. Keynes, Cambridge University Press, 1979, p. 385, est à l'évidence empruntée au lamarckisme.

41. L'idéologie spencérienne en demeure la plus parfaite expression.

42. « Nous sommes presque forcés de regarder la spécialisation ou la différenciation des » organes pour les diverses fonctions qu'ils ont à remplir, comme le meilleur et même le » seul critère de leur perfectionnement, l'accomplissement de toute fonction du corps ou de » l'esprit devant être d'autant plus parfait qu'il résulte d'une meilleure division du travail », *De la variation des animaux et des plantes sous l'action de la domestication*, trad. Moulinié, 1868, I. Introd., pp. 8-9. Voir *Desc.*, 1re partie, chap. VI, p. 179.

43. *Desc.*, 1re partie, chap. V, p. 153. C'est nous qui soulignons.

44. Comparer *Desc.*, 1re partie, chap. VI, p. 180, et *Origine*, *op. cit.* (note 26), chap. IV, pp. 133 à 137.

45. « La culture, ou civilisation, au sens ethnographique large, est un tout complexe » qui inclut savoir, croyance, art, morale, lois, coutumes et autres capacités et habitudes » acquises par l'homme en tant que membre de la société », in *Primitive Culture*, chap. I, p. 1 (trad. par nous).

46. « Les animaux domestiques varient plus que les animaux à l'état sauvage, ce qui, » selon toute apparence, résulte de la nature diverse et changeante des conditions exté- » rieures... Les races humaines ressemblent sous ce rapport aux animaux domestiques... Nous » remarquons l'influence de la diversité des conditions chez les nations les plus civilisées », *Desc.*, 1re partie, chap. II, p. 25. Également, *Desc.*, 1re partie, chap. VII, p. 189 ; *Voyage d'un naturaliste autour du monde*, trad. Barbier, 2e éd., 1883, chap. X, p. 220.

47. Lubbock, *op. cit.* (note 5), chap. XI, p. 435 ; parlant des Indiens du Paraguay comme exemple de « sauvages modernes », Lubbock écrit qu'ils « n'avaient ni animaux domestiques ni idée de l'agriculture », *ibid.*, p. 421 : où le maïs est donné comme « élément de civilisation ».

48. Ainsi dans le chap. IX (t. I) consacré aux plantes cultivées, Darwin parle de « l'extermination des formes sauvages pendant les progrès de la civilisation » (p. 326) et de la « *misérable* nourriture que *recueillent* les sauvages » (*ibid.*, c'est nous qui soulignons). Voir également pp. 328-329, 331 : « nous devons au Mexique, au Pérou et au Chili 33 plantes » utiles ; ce fait n'a rien d'étonnant si nous songeons à l'état de civilisation auquel étaient » parvenus ces pays » ; comp. *Desc.*, 1re partie, chap. VI, p. 158. Également, *Narrative of the Surveying Voyages of His Majesty's Ships « Adventure » and « Beagle » between the years 1826 and 1836*, 3 vol., London, 1839 : les Fuégiens « n'ont jamais tenté d'utiliser le sol par une » quelconque forme de culture » (II, chap. IX, p. 178).

49. *Variation, op. cit.* (note 42), ch. IX, p. 338.

50. Le civilisé est celui qui est « élevé » et qui « élève » les autres.

51. « Il y a lieu de supposer que... la reproduction est actuellement moins active chez » les barbares que chez les nations civilisées... J'ai démontré dans un autre ouvrage [*La* » *Variation*] que tous nos animaux et tous nos oiseaux domestiques, ainsi que toutes nos » plantes cultivées, sont plus féconds que les espèces correspondantes à l'état de nature... » Cette observation nous amène donc à penser que les hommes civilisés, qui sont, dans » un certain sens, soumis à une haute domestication, doivent être plus prolifiques que les » sauvages », *Desc.*, 1re partie, chap. II, p. 43 ; cf. note 46. Comp. avec *Desc.*, 1re partie, chap. V, p. 153 : où il est question « de s'élever encore plus haut, augmenter et peupler » toute l'Europe ».

52. *Desc.*, 1re partie, chap. VII, pp. 202 à 208.

53. Ainsi de la récusation de la thèse de la « dégradation » culturelle, in *Desc.*, 1re partie, chap. V, pp. 156-158. Soutenue par le duc d'Argyll notamment, la représentation de l'état sauvage comme rétrogradation, décadence ou chute, renoue avec ses composantes théologiques du XVIIIe siècle, sous la plume de Goguet ou de de Brosses. L'argument darwinien repris à Lubbock (1868), fait état de « découvertes indépendantes » en matière d'outils comme arc et flèche, lesquelles induisent la possibilité et l'effectivité d'une loi de progrès universel [« toutes les nations civilisées ont été autrefois barbares »]. Ainsi, contre l'idée d'une diffusion de connaissances ou de pratiques par emprunts, le modèle généalogique des découvertes techniques exclut toute représentation de l'histoire autre que naturaliste. La biologisation a ici converti un savoir en une idéologie. Voir la critique, par Lévi-Strauss, de *Primitive Culture* (Tylor), in *Anthropologie structurale*, Paris, Plon, 1958, pp. 6 à 8 : elle vaut, *mutatis mutandis*, pour les implants d'évolutionnisme culturel dans *La Descendance*.

54. *The Beagle Record, op. cit.* (note 40) : « Une douceur dans l'expression du visage » qui écarte l'idée qu'on a affaire à un sauvage » (p. 314) ; les tatouages comme « style sau- » vage qui défigure leurs visages » (p. 331).

55. *Desc.*, 1re partie, chap. III, p. 100 (note 76) et p. 101 : sans référence explicite

à A. Comte, le texte mérite néanmoins d'être tenu pour affin avec ce type d'intelligibilité dans la mesure où Darwin, d'une part, scande le développement religieux du fétichisme au poly- puis au monothéisme, et où, d'autre part, le premier « état » fétichiste apparaît, pour reprendre le terme de G. Canguilhem (*Études d'histoire et de philosophie des sciences*, Paris, Vrin, 1968, p. 82) comme un « biomorphisme » dont l'animal comme l'homme est capable. Cf. *Notebook* « N », p. 135, in Gruber, *op. cit.* (note 29), p. 292.

56. J. Lubbock, *op. cit.* (note 5), ch. XI.

57. *Variation, op. cit.* (note 42), I, ch. IX, p. 330.

58. C. Sauer, *Agricultural Origins and Dispersals*, New York, American Geographical Society. On peut se reporter à l'article d'E. Anderson, « The Evolution of Domestication », in *Evolution after Darwin*, ed. by Sol Tax and Charles Callender, Chicago U.P. 1960, vol. III : *The Evolution of Man.*

59. Dans les deux cas, il s'agit du même problème : à partir de la domestication, remonter à la souche ; de la plante cultivée à la racine sauvage, du sauvage « moderne » au sauvage primitif. Pour la critique de cette théorie des survivances appliquée au Fuégien, voir Lévi-Strauss, *Anthropologie structurale*, chap. VI : « La notion d'archaïsme en ethnologie », pp. 115-116.

60. *Second Notebook*, February to July 1838, éd. Gavin de Beer, p. 91 - 80 ms : sur le langage du Fuégien ; p. 111 - 244 ms : sur la très faible croyance en Dieu du Fuégien ou de l'Australien - *Notebook* « N », *in* Gruber, *op. cit.* (note 29), p. 192 - 135 ms.

61. Dont 1re partie, chap. III, p. 66 ; chap. V, p. 144 ; 2e partie, chap. XXI, p. 651, etc...

62. *Voyage, op. cit.* (note 46), chap. X, p. 220. « La différence entre un animal domes- » tiqué et un animal sauvage est encore plus marquée chez l'homme, chez le barbare [Fuégien] nu dont le corps est couvert de tatouages... », Lettre à Caroline : 30 mars 1833, *The Beagle Record, op. cit.* (note 40), p. 125.

63. *Desc.*, 2e partie, chap. XX, pp. 625-626 ; 1re partie, chap. III, pp. 25-26 : où la question de la sélection-eugénique est discutée ; également problème de la contre-sélection.

64. *Ibid.*, 2e partie, chap. XXI, p. 647.

65. Ceux de O. W. Richards, « Sexual Selection and allied Problems in the Insects », in *Biological Review*, 1927 ; de A. Bateman, « Intra-sexual Selection in *Drosophila* », *Heredity*, 1948 ; de G. C. Williams, *Adaptation and Natural Selection, a Critique of Some Current Evolutionary Thought*, Princeton U.P., 1966. Au XIXe siècle, seul E. D. Poulton, in *The Colours of Animals*, 1890, défendra Darwin contre Wallace (pour qui la sélection sexuelle n'a pas de valeur propre, sinon comme forme de la sélection naturelle).

66. Dans le cas de la sélection épigamique par exemple.

67. On a insinué, entre autres, que le complément d'une sélection sexuelle constituait un aveu de Darwin quant à l'insuffisance de la sélection naturelle, *Desc.*, préface, p. II).

68. Cl. Petit, « Sur le déterminisme génétique et psycho-physiologique de la compétition sexuelle chez *Drosophila melanogaster* », in *Bull. Biol.*, 92 (1958) : les femelles s'accouplent de préférence avec les mâles « white » rares (dont le taux de fréquence est compris entre 0 et 30 %).

69. Le mâle investit peu dans la reproduction : il produit des millions de gamètes et son rôle se termine à la copulation ; il peut ainsi courtiser indifféremment de nombreuses partenaires. Mais la femelle, qui produit un nombre limité d'œufs et de jeunes, subit une perte irréparable si elle mise sur un partenaire insuffisant. « Un raté, pour une femelle de » mammifère, peut valoir des semaines ou des mois de temps perdu. Le fardeau physique et » nutritionnel de la grossesse peut augmenter sa vulnérabilité aux prédateurs, engendrer » une moindre résistance aux maladies. Une fois entamée la phase de reproduction, elle » s'engage dans un effort reproductif élevé. La sélection naturelle doit régler son comporte- » ment de telle sorte qu'elle puisse assumer le poids de la reproduction lorsque la proba- » bilité de succès est maximale », G. C. Williams, *in* Dobzhansky, *op. cit.* (note 36), p. 183.

70. *Desc.*, 1re partie, chap. I, p. 21 ; chap. VI, p. 159.

71. *Ibid.*, 2e partie, chap. XXI, p. 637.

72. *Ibid.*, 1re partie, chap. VI, pp. 163-164.

73. *La Descendance* n'offre que la seule référence au Dryopithèque de Lartet.

74. *Notebook* « N », *in* Gruber, *op. cit.* (note 29), p. 339 (49 ms) : « L'homme est un » " fait fugitif ", un " fait limitrophe ", c'est-à-dire : 1) " un fait dont la propriété étudiée » varie en degré " ; 2) un " cas dans lequel nous pouvons suivre la loi qui semble régir » toute la nature, celle de continuité " », J. Herschel, *Discours sur l'étude de la philosophie naturelle*, 2e partie, chap. VII, § 198-199, pp. 187-188 ; en l'occurrence, Darwin cite

Herschel qui cite Bacon. Également, référence à Hume in *Notebook* « N », *in* Gruber, p. 348 - 101 ms.

75. Cette philosophie de la continuité est encore à l'œuvre dans le passage des instincts sociaux à la moralité par la continuité mnémonique due à une labilité intellectuelle accrue (*Desc.*, 1re partie, chap. IV, p. 104) ; dans l'extension des sentiments sociaux de la tribu à la nation et à l'humanité, ce qui donne au darwinisme le moyen de résoudre la tentation eugénique (cf. note 24).

76. *Desc.*, préface de C. Vogt, p. VII.

77. « L'idéologie est un procédé effectué consciemment certes par le soi-disant penseur, » mais avec une fausse conscience. Le mobile réel d'impulsion lui demeure inconnu, sinon » ce ne serait pas un processus idéologique », Engels, 1893, in *Correspondance Marx-Engels*, 2e éd., trad. I. Lasker, Moscou, 1965.

78. Aussi bien « la sélection n'agit que de façon expérimentale » (cf. note 43). A l'occasion, dans *La Descendance*, la variation est mise en valeur (1re partie, chap. VII, p. 189 : « les caractères distinctifs de toutes les races humaines sont extrêmement varia- » bles... Il serait difficile, pour ne pas dire impossible, d'indiquer un caractère quelconque » qui reste constant » ; de là la vérité du monogénisme) ; mais la « diversité » repérée reste a-fonctionnelle par soi.

79. A tel point qu'on pourrait souvent croire que Darwin s'est, dans *La Descendance*, trompé de biologie, d'autant que les références larmarckiennes, médiatisées ou non par Spencer, abondent.

80. Également *Notebook* « M », *in* Gruber, *op. cit.* (note 29), p. 278 (69 ms), p. 292 (135 ms) : où le sauvage confond phénomènes naturels et volonté divine.

81. Voir note 48, et dans le *Journal d'un naturaliste autour du monde*, *op. cit.* (note 46), tout le chap. X, pp. 219 à 260 (cf. note 62).

82. *The Darwin Reading Notebooks (1838-1860)*, ed. by Peter J. Vorzimmer, in *Journal of the History of Biology*, vol. 10 (1977), n° 1 (pp. 107-153).

83. *Journal d'un naturaliste autour du monde*, *op. cit.* (note 46), p. 538. Les deux éditions comportent le même passage.

84. Y. Conry, *L'introduction du darwinisme en France au XIXe siècle*, Paris, Vrin, 1974, p. 423.

Le darwinisme social existe-t-il ?

En proposant cette question au lecteur et à nous-même, nous entendons d'abord donner son congé à un empirisme d'échantillonnage d'une production économico-rhétorico-philosophique, bilan factuel dont la seule passion polémique, apologétique ou réquisitoriale, autorise les exhumations, voire les amalgames (1) ; au demeurant, et sauf à manifester les préjugés de ses auteurs, ce recensement d'une littérature éclectique et diffuse, ne peut que se réduire à une insignifiance dans la mesure où il manque à poser une question liminaire et pourtant décisoire : de quoi parle-t-on lorsqu'on désigne ou anathématise le « darwinisme social » ? Il s'agit donc ici de faire surgir une série d'interrogations critiques, à titre de préalables pour une formule dénominative devenue d'usage courant et immédiat, mais dont précisément l'adoption commune, au sein d'une sommaire histoire des idées, a occulté le problème théorique de sa pertinence. En clair, qu'y a-t-il de darwinien dans le « darwinisme social » ? Darwin fut-il le premier darwiniste social ou un darwinien social ? Pourquoi cette expression s'est-elle imposée ? Que recouvre-t-elle dans l'ordre d'une problématique et d'un statut ? Demander si le darwinisme social existe revient en somme à tenter un traitement d'épistémologie critique, quant à ses conditions de possibilité ou d'impossibilité, eu égard à des avant-coureurs tel Spencer, ou à des utilisateurs comme Bagehot, et par rapport à la théorie darwinienne elle-même : car si *La Descendance de l'homme et la sélection sexuelle* (1871) appartient au corpus darwinien, le naturaliste de Down a aussi, et d'abord, publié *L'Origine des espèces* (1859). Dans cette suite et son articulation s'indiquent les moyens de notre estimation : en effet, dans cette décennie entre les deux ouvrages se sont insinués des essais d'extrapolation d'une biologie à une sociolo-

(1) Nous tenons le chap. XXIII du *Traité du vivant* de J. Ruffié (Paris, 1982) pour un modèle en la matière. à la faveur d'une désignation simpliste, globalisante et inadéquate de « la société darwinienne », l'auteur insinue des collusions et élabore des paternités par extrapolation chronologique (antisémitisme-hitlérisme) littéralement déplacées, où la technique du bouc émissaire se substitue à une écriture scientifique, critique et équitable.

gie (2) ; mais le darwinisme était-il nécessaire à cette importation ? S'agit-il d'une stricte inférence ou d'une occasion, voire d'une résurgence ? En tout cas, Darwin n'a pas ignoré ces transferts, en s'y référant ou en les exploitant en 1871. Cette importation en retour ne suffit sans doute pas comme ordre des raisons d'écriture pour *La Descendance* : en effet, celle-ci fut explicitement destinée à estimer les possibilités d'application à l'homme de la théorie d'évolution par sélection naturelle, programme et exigence légitimes dans la mesure où aucun transformisme, sous peine de s'interdire lui-même comme naturalisme, ne peut excepter l'homme d'une généalogie. Mais *La Descendance* n'en a pas moins inscrit l'évolution sociale dans son registre d'explication (3) : elle devient ainsi ouvrière, fût-ce par retard et détour, dans l'élaboration du « darwinisme social ». Toute ambiguïté ne se trouve pas dissipée pour autant, car cette situation de fait laisse non réglées deux questions déterminantes : d'une part, celle de la compatibilité de deux discours darwiniens, celui au niveau et dans la problématique de *L'Origine des espèces* et celui au niveau et dans la problématique de *La Descendance* ; où se transpose l'une de nos interrogations précédentes : qu'est-ce qui est darwinien dans *La Descendance* ? ou, entendu dans un sens plus rigoureux, quelle étiologie de l'évolution de la société humaine l'ouvrage de Darwin développe-t-il ? D'autre part, comment entendre l'épithète « social » qui qualifie le darwinisme ? Sur ce point, force est bien de reconnaître que l'extension du terme — et donc sa compréhension — s'avère proprement indéfinie, puisqu'elle dérive d'une application aux classes sociales (E. Ferri - Lafargue), à l'histoire des nations (Bagehot - Cl. Royer) et des races humaines (Wallace - Vacher de Lapouge). L'échantillonnage par le point d'application de la doctrine n'est donc rien moins qu'homogène et unifié, puisque les territoires de son fonctionnement éventuel cumulent l'économique, l'historico-juridique, l'anthropologico-zoologique. *Stricto sensu* d'ailleurs, eu égard à son étymologie (4), et en conformité avec la tradition physiocratique renouvelée par le discours d'A. Smith, la notion de classe devrait circonscrire le darwinisme « social » en le référant aux questions économiques, au sein donc d'une « théorie des richesses » (production - distribution) structurée par le

---

(2) Pour ne rappeler que des travaux britanniques et ceux dont, explicitement, s'est servi Darwin, citons 1) A.R. Wallace, « The Origin of Human Races and the Antiquity of Man deduced from the Theory of Natural Selection », *Anthropological Review*, may 1864 ; 2) D. Page, *Man : Where, Whence and Wither. Being a Glance at Man in his Natural Historical Relations* (1867) ; 3) W. Bagehot, « Physics and Politics », *Fortnightly Review*, nov. 1867-april 1868 ; 4) W.R. Greg, « On the Failure of Natural Selection in the Case of Man », *Fraser's Magazine*, 1868.

(3) *La Descendance de l'homme et la sélection sexuelle*, trad. Barbier, éd. définitive, Paris, 1881. Cf. chap. V : « La sélection naturelle considérée au point de vue de son action sur les nations civilisées ».

(4) Le mot latin *classis* désigne d'abord la division du peuple romain en catégories sociales.

processus de la division du travail, en deçà par conséquent d'une problématique politique du pouvoir.

Mais, en usant de ce critère, on découvre vite que le programme engagé, l'objet pris en compte et la doctrine élaborée sont en toute rigueur spencériens plus que darwiniens (5). Certes E. Ferri, professeur de droit pénal à l'Université de Rome — qui se reconnaît d'ailleurs simultanément adepte des deux systèmes — accepte une société foncièrement inégalitaire, bien que délivrée de l'exploitation capitaliste, « pour des raisons que le darwinisme a découvertes dans le mystérieux mécanisme de la vie, dans la succession indéfinie des hommes et des espèces... Cela est bien, parce que la variété et l'inégalité des aptitudes individuelles produit *naturellement* cette division du travail que le darwinisme nous a donnée avec raison comme une loi de la physiologie individuelle et de l'économie sociale » (6). En réalité, il s'agit ici d'une justification sans justificatif, induite par Ferri sous sa seule responsabilité méthodologique ; car les remarques que *La Descendance* consacre à la question des « classes sociales » s'avèrent non probantes en la matière dans la mesure où elles restent à la limite de l'indifférenciation théorique. En effet — et hors du traitement de la contre-sélection où elles s'intègrent : Darwin discute de la légitimation de la propriété, de la primogéniture... —, l'énoncé darwinien prend pour objet des catégories d'une extrême généralité, celles des « riches » et des « pauvres » (chap. V, p. 146) ; la « classe dominante » (p. 147) n'y est nullement précisée, et si, occasionnellement, il y est fait allusion aux « métiers et professions » (p. 146, p. 148) dans le cadre de la division du travail, celle-ci se traite comme un facteur restrictif, voire un obstacle, par suite, à l'évidence, de sa représentation étroitement technicienne d'une activité parcellarisée qui entrave, en conséquence, l'épanouissement des « talents » intellectuels (7). Manifestement, le darwinisme est ici déporté en deçà des structures politico-sociales contemporaines, et son désintérêt théorique, sinon psychologique — mais qui pourrait le dire ? — devrait au moins rendre prudent, sinon subtil, quant à ce premier niveau de darwinisme social dont il serait susceptible d'être le support ou le relais (8). Chacun connaît d'ailleurs la réponse mondaine adressée

---

(5) Parlant des faits concernant « le bien-être social » qui ont été trop longtemps ignorés de la pratique historique, Spencer écrit que « la chose qu'il nous importe de connaître, c'est *l'histoire naturelle de la société* » (*The Study of Sociology*, 1873, cité par J.D.Y. PEEL, *Herbert Spencer : On Social Evolution*, Chicago Press, 1972, p. 87. Souligné et traduit par nous).

(6) E. FERRI, *Socialisme et science positive*, éd. française, Paris, 1896, 1re partie, pp. 25-26.

(7) Nous reviendrons plus loin sur cette notion au sein du darwinisme *biologique*.

(8) On peut alors estimer la nature, le poids et les motivations du travestissement de la pensée darwinienne qu'opère J. Ruffié : « le darwinisme va légitimer l'inégalité des classes à l'intérieur du pays »... Galton a établi « selon le schéma de Darwin une échelle des classes » (*Traité du vivant*, 5e partie, chap. XXIII, p. 630 et p. 635).

à Marx à la réception du *Capital* : moins qu'effarouché, Darwin est étranger (9) ; et l'on mesure aussi, de ce fait, l'impertinence des analogies conceptuelles instituées par la métaphorisation marxiste de la lutte des classes.

Doctrine éclatée, dans la circonscription de son objet d'exercice, le darwinisme social ne retrouve pas davantage une cohérence interne en passant à l'ordre des interprétations politiques ; aussi bien, écartelé entre un darwinisme individualiste — "élitiste" (10) ou radical-libéral (11) — et un socialisme darwinien qui ne renonce pas au « sélectionnisme » en transposant la « loi de concurrence » vitale en des formes « humaines » atténuées par le solidarisme (12) ou célébrées comme luttes de *groupes* (13), le « darwinisme social » se pluralise en options dichotomiques ou transitionnelles multiples. Cette fois, l'unicité de son sens se réduit à une désignation purement nominaliste, leurre d'une étiquette sans corps, ou, tout aussi bien, monstre théorique comparable à ces produits fantastiques ou tératogéniques d'une nature qui induit, ou d'un embryologiste qui greffe un dédoublement de membres ou d'organes dans un organisme indivis. Tel apparaît désormais le darwinisme social de fait dans le schisme de ses interprétations, pourtant toutes rapportées à une identique caution d'origine. Il suffit de rappeler la querelle qui oppose Virchow à Haeckel au Congrès des na-

(9) Nous utilisons à dessein cette catégorie car, au-delà d'un psychologisme non fécond, elle comporte un sens proprement épistémologique, et donc nous instruit à ce titre.

(10) « La théorie de M. Darwin, en nous donnant quelques notions un peu plus claires sur notre véritable origine, ne fait-elle pas par cela même justice de tant de doctrines, de systèmes et d'utopies politiques dont la tendance, généreuse peut-être, mais assurément fausse, serait de réaliser une égalité impossible, nuisible et contre nature entre tous les hommes... Les hommes sont inégaux par nature : voilà le point dont il faut partir. Ils sont individuellement inégaux, même dans les races les plus pures, et entre races différentes ces inégalités prennent des proportions si grandes, au point de vue intellectuel, que le législateur devra toujours en tenir compte », Cl. ROYER, Préface à la première traduction française (1862) sur la 3e éd. de *L'Origine des espèces,* p. LXI. Deux mots de commentaire s'imposent : 1) dans une lettre à Ch. Lyell du 22 août 1867, Darwin exprime sa « complète surprise » pour cette préface : « je crois qu'elle a fait beaucoup de tort à ce livre en France » (*Vie et correspondance de Ch. Darwin,* éd. par F. Darwin, trad. Varigny, Paris, 1888, II, p. 377) ; 2) eu égard à la date de ladite traduction, et à supposer qu'il convienne de qualifier une société par ce détournement, on devrait alors parler de « société royériste » ; sans préjuger d'autres antécédents !

(11) Cf. en réponse à Ferri, ce propos de Spencer, à la date du 12 juin 1895 : « Moi qui, dans mon pays et à l'étranger, ai toujours été considéré comme un porte-étendard de l'individualisme, je ne puis que m'étonner de l'audace de quiconque tâche de se servir de mon nom [cf. note 6] pour soutenir le socialisme ».

(12) Cf. E. Ferri et la nécessité de l'association, ou encore, mais plutôt dans une opposition au « darwinisme social », le programme gidien, inspiré de celui de Léon Bourgeois.

(13) A l'occasion de type proudhonien, ou bien en insistant sur les contre-sélections sociales : cf. LORIA, « Le darwinisme social », *Revue internationale de sociologie,* 1894, pp. 11-12, qui en l'occurrence, sur ce point, invoque et reconnaît le témoignage et l'autorité du Darwin de *La Descendance* (sur la propriété, chap. V, p. 146).

turalistes à Munich en 1877 (14) pour cesser de s'étonner d'affiliations strictement contradictoires : pour E. Quinet, qui « rencontre tout ensemble A. Smith et Malthus dans la conception de Darwin », « le grand ouvrage » de celui-ci « est la vérification continuelle d'une loi de l'ordre social » (15) ; cependant A. Boucher, auteur de *Darwinisme et socialisme,* dédié à Jaurès, assure pour sa part que « le socialisme appuyé sur Darwin va être le fossoyeur de l'économie politique » (16). Démonstration sans appel que la théorie darwinienne, apte à mobiliser des idéologies divergentes et préformées (17), n'en peut être estimée ni la cause ni la raison, au sens d'un événement radical ou d'une logique nécessitariste.

Aussi bien d'ailleurs, le « darwinisme social » s'est-il précédé lui-même puisque ses ingrédients conceptuels et sa thématique générale sont déjà présents avant Darwin, en l'occurrence dans la composition même de la sociologie spencérienne ; et nous nous proposons de montrer que cette conjonction n'est pas une rencontre furtive ou accidentelle, que la seule théorie darwinienne devrait ultérieurement et nécessairement rendre constitutive ; au contraire, dans le spencérisme nous en tenons la condition de possibilité proprement dite dans un jeu de corrélations simultanément historiques, théoriques et idéologiques.

Ce qui, selon nous, organise la stratification du système spencérien et sous-tend son fonctionnement, c'est une idéologie de la radicale immanence : en effet, à la récusation constante d'un interventionnisme étatique surimposant ses normes à la spontanéité de libres individus correspond la représentation du développement d'un organisme par autorégulation ; l'ordre politique et l'ordre biologique (il en va de même pour l'ordre cosmique d'une équilibration progressive intéro-externe) s'unissent dans la symbiose d'un auto-dynamisme.

Et cette idéologie est à l'œuvre dans la thématique spencérienne du progrès par sélection des plus aptes (« fittest ») dans la compétition démographique (formulation générale du « darwinisme social » telle que l'usage l'a consacrée). Son élaboration peut s'articuler en trois moments et acquis : de 1842 à 1851, entre les articles au *Non-Conformist* et la publication de son premier ouvrage *Social Statics,* Spencer inscrit, dans

---

(14) Virchow, dans la foulée de la répression bismarckienne contre le mouvement ouvrier allemand à partir de 1874, ayant vitupéré le darwinisme suspect de véhiculer, voire d'importer le socialisme, Haeckel riposte : « Tout homme politique, intelligent et éclairé, devrait, ce me semble, préconiser la théorie de la descendance et la doctrine générale de l'évolution comme le meilleur contre-poison contre les absurdes utopies égalitaires des socialistes » (*Les preuves du transformisme,* trad. J. Soury, Paris, 1879, « Réponse à Virchow », p. 110).

(15) E. QUINET, *La Création,* Paris, 1870, livre X, chap. VI, p. 260 et p. 254 : ici se pose le problème des « modèles » du darwinisme ; nous en traiterons *in extenso* plus loin.

(16) A. BOUCHER, *op. cit.,* 1890, chap. IV, p. 30.

(17) Elles ont néanmoins une communauté thématique, celle de la correspondance bivoque entre société et organisme : nous y reviendrons.

une constellation d'économie benthamienne des désirs, un plaidoyer sur la perfectibilité de l'homme en société où se conjuguent un processus d'adaptation aux conditions d'existence (18), et un mouvement vers l'individuation, traitée corrélativement comme « le mode général de manifestation de la vie » (19) et comme un phénomène socio-technique dans la mesure où cette marche à l'individuation s'accompagne d'un accroissement de « dépendance mutuelle » dont la division du travail témoigne — Spencer n'a pas encore lu Milne-Edwards, mais connaît la philosophie économique d'A. Smith. Ainsi le progrès est loi humaine, car il est loi de *nature* : « Le progrès, donc, n'est pas un accident, mais une nécessité. Au lieu d'être artificielle, la civilisation fait partie de la nature ; de pair avec le développement d'un embryon ou l'épanouissement d'une fleur » (20). Cette comparaison embryologique (21) — qui n'est certes pas à prendre pour une image banale — se renforce de, voire renvoie au processus physiologique impliqué à titre de dénominateur commun du progrès organique et social, à savoir l'adaptation : celle-ci en effet désigne le fait d'être en situation de convenance (« congruity » — « to be suited to ») au milieu, et la spontanéité active de cette mise en accord que Spencer rapporte au fonctionnement effectif des besoins et au montage des habitudes. On aura donc aisément reconnu ici le mode lamarckien de l'adaptation. Or ce concept se traduit dans le vocabulaire spencérien par la formule, dont on sait l'avenir équivoque et polémique, de « fitness for surrounding circumstances » : « L'homme parvient à une vision pénétrante, à une audition déliée, à un odorat subtil lorsque ses habitudes de vie le requièrent, et ces sens s'émoussent lorsque les besoins en diminuent. Que de tels changements soient destinés à s'adapter aux circonstances environnantes, nul ne peut le contester. Lorsqu'il voit que l'habitant des marais vit dans une atmosphère qui serait certainement mortelle à un étranger..., lorsqu'il

---

(18) « Par le terme *civilisation*, nous entendons l'adaptation qui a d'ores et déjà eu lieu. Les changements qui constituent le *progrès* sont les pas successifs de la transition » (*Social Statics*, London, 1851, in Peel, cit. note 5, p. 12). Sauf indication contraire, les textes de Spencer sont traduits par nous.

(19) A cette date, le principe d'individuation est simplement « romantique » (sans doute dans la tradition de la Naturphilosophie), par l'intermédiaire de Coleridge de qui Spencer le tient (*Social Statics*, in Peel, cit. note 5, p. 25). A la fin de 1852, et surtout lors de l'article sur *Progress, its Law and Cause* en 1857 (*Autobiographie*, trad. Varigny, Paris, 1907, pp. 258-259 et 341), la lecture de von Baer l'aura spécifié en registre d'embryologie, et il pourra être intégré dans une « physiologie transcendante » (*National Review*, 1857) qui, définissant toute vérité comme « vérité physique », à la fois perpétue la biologisation du « civil » et annonce les textes sur l'organisme social en 1860. Voir *Premiers Principes*, trad. Cazelles, 3ᵉ éd., Paris, 1883, 2ᵉ partie, chap. XV, § 120, note 1.

(20) *Social Statics*, in Peel, cit. note 5, p. 13. On peut déjà, à cette date, assurer quelques analogies fondatrices : l'individuel, c'est à la fois l'individuation par développement organique et l'individualisme dans une société à régime libéral ; la spontanéité physiologique a son correspondant dans la liberté sociale.

(21) Cf. note 19.

voit que, dans d'autres cas, existe toujours cette accommodation au régime, au climat, aux modes de vie, même l'homme le plus sceptique doit admettre qu'une loi d'adaptation est ici à l'œuvre » (22). Cette appropriation (« fitness ») s'entend comme un ajustement, à savoir comme une adéquation accomplie, simultanément achevée et complète, où se réalise et se définit une perfection : ainsi c'est la problématique *lamarckienne* qui permet à la philosophie spencérienne du progrès de s'assurer, les deux concepts de « fitness » et de « perfectibility » étant désormais réciproques ; en quoi l'idéologie d'une supériorité en soi prend — et ne peut prendre que là — son fondement dans cette représentation physio-lamarcko-sociale de l'accommodation immanente. Il se pourrait qu'ici Spencer se souvienne aussi de Richard Cobden : « Ce qui apporte de grandes transformations en politique, c'est le changement spontané et le réajustement des intérêts, et non pas la découverte de principes nouveaux » (23).

Dès 1851 donc est élaboré un concept-clé du « darwinisme social » et ce, dans une problématique doublement non-darwinienne, puisque, d'une part, le milieu spencérien de référence reste éminemment physique pour une écologie darwinienne typiquement biologique, et que, d'autre part, le vivant y emprunte le mode d'une spontanéité productrice d'harmonisation-perfection au lieu d'une individualité différentielle livrée au crible de viabilité d'une situation discriminatoire. Quasiment une décennie avant l'*Origine des espèces,* c'est un radicalisme benthamo-lamarckien qui règle les problèmes de l'organisation sociobiologique, composant un déchiffrement du progrès par la balance d'un organisme et de son milieu, où s'inscrit l'émergence d'un homme idéal, c'est-à-dire en totale conformité avec un contexte social dont il a spontanément, car naturellement, épousé la spécialisation croissante.

En 1852, le schéma malthusien de compétition pour les ressources constitue le deuxième *tempo* de cette philosophie, et c'est dans cet article intitulé « A Theory of Population deduced from the General Law of Animal Fertility » que Spencer introduit le « principe de survivance des sélectionnés » : « Ceux restés pour perpétuer la race doivent être les sélectionnés de leur génération » (24). Désormais le corpus du « dar-

---

(22) *Social Statics,* in Peel, cit. note 5, p. 9. Egalement : si un buisson se rabougrit dans un sol pauvre, c'est par « défaut de convenance entre ses facultés et leur sphère d'action », *ibid.,* p. 8. Spencer parle des « influences », c'est-à-dire des « circonstances » qui pèsent sur l'homme : l'identité conceptuelle avec Lamarck est totale (*ibid.,* p. 10) — *Autobiographie,* p. 160.

(23) In J. MORLEY, *The Life of R. Cobden,* 13th ed., London, 1906, p. 406. Richard Cobden, que Spencer connaissait sans doute, fut l'un des plus actifs propagandistes de l'Anti-Corn Law League.

(24) « A Theory of Population... », *Westminster Review,* 1852, in Peel, cit. note 5, p. 36. Egalement *Autobiographie,* p. 160 : Spencer y rappelle qu'à cette date de 1852, il n'avait perçu la validité de la loi que pour la population humaine, sans soupçonner encore qu'elle s'appliquât à toutes espèces ; autrement dit, Darwin n'avait pas paru.

winisme social » est complet et ordonné, et la théorie du progrès achevée pour notre propos, même s'il lui reste encore à accomplir — et ce sera le moment de 1857 jusqu'à son *terminus ad quem* de 1862 — son passage à l'évolutionnisme, par une double généralisation, « empirique » (inductive) d'extension à tous les ordres et plans du réel (25), « rationnelle » (déductive) par une discrimination étiologique où le dynamisme adaptatif de l'homogène à l'hétérogène est reporté à la spontanéité causale d'une force qui distribue la matière et multiplie ses effets par suite de l'instabilité de l'homogène. Il importe cependant de noter qu'avec l'article de 1852, Spencer utilise à nouveau l'argument lamarckien du plein exercice des fonctions pour retourner contre sa propre idéologie (antiprogressiste) la règle malthusienne de « principe de population » dont il accepte néanmoins la vérité factuelle. « Cet inévitable excédent quantitatif — cette constante augmentation de population au-delà des moyens d'existence — entraînant une stimulation croissante à améliorer les modes de production de la nourriture — implique aussi une exigence accrue d'habileté technique, d'intelligence et de maîtrise de soi — entraîne donc leur constant exercice, c'est-à-dire leur développement graduel » (26). Au lieu d'être malthusiennement un frein au progrès, la pression de population, ici perçue comme un aiguillon, induit une hiérarchie de valeurs par le biais de ce qu'elle nécessite, comme sollicitation d'une adaptation directe. « Dans tous les cas, l'accroissement du nombre est la cause efficiente. Sans la compétition que celui-ci impose, une réflexion plus intense ne serait pas consacrée quotidiennement à la besogne de la vie... et le développement de la puissance mentale ne s'ensuivrait pas » (27). Bref, cette thématique du progrès de la société, à quoi l'on a coutume de réserver l'épithète de darwinisme, eût pu, eût dû, à travers son antécédence et sa problématique spencériennes, se désigner par son registre initial et continu, comme un lamarckisme social, qui en représente la condition pertinente de possibilité théorique.

A quoi il faut en adjoindre deux autres, historique et idéologique. Le spencérisme, en effet, n'est pas issu d'une pensée originairement naturaliste ; il semble plutôt que le milieu familial de l'auteur l'ait, très vite, inséré dans des affinités politiques spécifiées par des appartenances à la branche radicale des Libéraux, dont, à Derby, la dynastie des

(25) Les phénomènes planétaires ; les processus physico-chimiques et géologiques ; l'ordre des vivants ; les régimes politiques ; les modes sociaux ; les formes esthétiques ; l'élaboration psychique. Le concept d'évolution se substitue alors à celui de progrès, car il le désigne sous sa forme universelle accomplie par les lois de la force, vers l'hétérogénéité par équilibration.

(26) « A Theory of Population », in Peel, cit. note 5, p. 35.

(27) *Ibid.*, p. 35. La « besogne de la vie » traduit l'expression anglaise « business of life », à l'évidence connotée à l'industrialisme, type d'organisation dont, sous la modalité libre-échangiste, Spencer fait l'apologie dans *The Principles of Sociology* (1876) en l'opposant au type militaire.

Strutts représentait l'activité industrieuse, cependant que R. Cobden ou J. Bright en exprimaient les revendications sociales après que l'école benthamienne en eut théorisé l'idéologie (28). Mais ce libéralisme pratique — Spencer s'est à trois reprises engagé dans la politique radicale, avec l'Anti-Corn Law League, la Complete Suffrage Union et l'Anti-State Church Association — a pu s'épanouir dans une théorisation socio-biologique précisément par la greffe lamarckienne de l'auto-adaptation et de l'équilibration spontanée (des besoins individuels et des milieux) (29). Les empreintes vitalistes dont Spencer, à travers Coleridge, a reconnu l'intérêt, relèvent aussi bien de la même récusation d'une mécanique plaquée sur le social. Mais nous estimons encore, quant à nous, que la raison profonde de sa réceptivité à Malthus provient de cette même idéologie, générale et politique, de l'immanence (30). En effet, le régime malthusien fonctionne, lui aussi, par régulation interne puisque c'est la disproportion entre les deux facteurs coprésents (fertilité-subsistances) qui règle l'évacuation des surplus, c'est-à dire le frein même du système. Au-delà donc d'un pur accord sur les faits (la loi d'accroissement démographique), et en dépit d'une fonction et de conséquences inversées, Spencer est *stricto sensu* radicalement malthusien, en vertu même du mode opératoire retenu. « On peut montrer que la seule action nécessaire à accomplir ce changement est — l'excès même de la fertilité » (31).

---

(28) La *Westminster Review*, à laquelle Spencer collabore, a été fondée par J. Bentham en 1823 ; quant au *Non-Conformist,* son éditeur, Edward Miall, a participé à l'Anti-State Church Association. Rappelons enfin que Spencer fut ingénieur des chemins de fer.

(29) « Ceux-là sont absurdes qui supposent que tout ira de travers s'ils ne s'en mêlent. Ils devraient savoir que les lois de la société ont un caractère tel que les maux naturels seront rectifiés par la vertu d'un principe d'auto-adaptation », article pour le *Non-Conformist* en avril 1842, cité in *Autobiographie,* p. 86. « Les groupes d'organismes manifestent d'une façon très évidente cette tendance universelle vers une balance... Toute espèce de plante et d'animal est perpétuellement soumise à une variation rythmique de nombre ; tantôt, par l'effet de l'abondance de la nourriture et de l'absence d'ennemis, elle s'élève au-dessus de la moyenne, et tantôt, par la rareté des subsistances, conséquence de l'accroissement du nombre, et par l'abondance de ses ennemis, elle tombe au-dessous de la moyenne. C'est ainsi que s'établit l'équilibre entre la somme des forces qui aboutissent à l'accroissement de la race et la somme des forces qui aboutissent à son décroissement... Toute société prise dans son ensemble manifeste une opération d'équilibration dans l'ajustement continu de sa population à ses moyens de subsistance » (*Premiers Principes,* 2ᵉ partie, chap. XXII, § 173, pp. 449-450 ; § 175, p. 454).

(30) La philosophie benthamienne que Spencer a suivie est celle des dissidents (tel Hodgskin) à tendance anarchiste : nous l'avons désignée, quant à nous, comme radicalisme, car elle répudie globalement tout interventionnisme-mécanisme coordinateur au bénéfice de l'harmonisation innéiste des intérêts et des besoins. Et lorsque la composition dernière de l'évolutionnisme intègrera un développement physiciste, par la causalité « intégrative » et multiplicatrice de la force, l'essence équivoque de cette force — où l'hypothèse de la nébuleuse et la thermodynamique ont été déterminantes — n'autorise pas à qualifier le système spencérien de mécaniste, ni sa bio-sociologie comme biophysique (cf. « The Social Organism », 1860, in Peel, cit. note 5, p. 54 : où Spencer, contre une représentation mécanico-juridico-providentialiste, célèbre l'aphorisme de Macintosh : « les constitutions ne sont pas faites, mais elles croissent »).

(31) *Art. cit.,* note 24, p. 34. Egalement note 29.

En définitive, l'immanentisme comme philosophie générale du spencérisme s'inscrit et s'exprime dans l'analogie entre société et organisme que Spencer explicitera en 1860 et qu'on peut tenir pour le récapitulatif des tendances du système. Aussi bien cette correspondance, idée au demeurant banale et dominante dans la seconde moitié du XIXe siècle, peut-elle fonctionner dans le sens du radicalisme politique parce que Spencer l'a fécondée « scientifiquement » par la problématique lamarckienne de l'auto-adaptation. « L'ensemble de notre organisation industrielle... est devenu ce qu'il est, non pas seulement en dehors d'une direction législative, mais, dans une large mesure, en dépit des entraves législatives. Elle s'est développée sous *la pression des activités et besoins humains*. Tandis que chaque citoyen poursuivait son intérêt propre, et que personne ne se préoccupait de la division du travail, ou même n'était conscient de sa nécessité, cette division du travail s'est parachevée. Cela a été fait lentement et silencieusement... Par des pas si menus que, au fil des ans, les structures industrielles ont paru aux hommes rester ce qu'elles étaient auparavant — par des changements aussi imperceptibles que ceux par lesquels une graine se métamorphose en arbre, la société est devenue le *corps* [« body »] complexe de travailleurs mutuellement dépendants que nous voyons aujourd'hui. Et cette *organisation* économique, notez-le, est l'organisation fondamentale... Ces aménagements très manifestes et *vitaux* de notre structure sociale se sont produits sans la planification [« devising »] de quiconque, mais à travers les *efforts* individuels des citoyens pour satisfaire leurs propres *besoins* » (32). Et en dépit de son caractère plurivoque (33), cette correspondance société-organisme n'en demeure pas moins la nécessaire condition idéologique de possibilité pour l'institution d'une théorie biosociologique du progrès. Le marxisme, on le sait, en demeure infecté en dépit de sa conscience de la spécificité des lois historiques et elle conditionne son appréciation du darwinisme, à la fois positive (la lutte vitale sera une arme pour la lutte des classes) et critique (le darwinisme perçu comme projection de Malthus) (34).

---

(32) « The Social Organism », 1860, in Peel, cit. note 5, pp. 54-55. C'est nous qui soulignons. La notion d'organisation est aussi lamarckienne et corrélée au processus d'un progrès de complexification et spécialisation.

(33) L'analogie peut valoir pour confirmer le communisme par le biais de la nécessaire participation de toutes les cellules à la vie du tout, ou pour vérifier le solidarisme, dépendance cellulaire toujours, mais non exclusive de la hiérarchie, et d'essence coopérative plus que collectiviste.

(34) Si l'ordre des lois est multiple, c'est à l'image même de l'ordre naturel où la sélection ne saurait être tenue pour le seul mécanisme évolutif — Le darwinisme « peut armer les matérialistes communistes avec de nouveaux arguments pour appeler à la révolte des classes opprimées » (P. Lafargue, *Le matérialisme économique de K. Marx,* Paris, 1881, p. 5) — « Les darwiniens ne font que rabâcher naturalistement la leçon des économistes » (*ibid.*, p. 14). Voir Y. Conry, *L'introduction du darwinisme en France au XIXe siècle,* Paris, Vrin, 1974, pp. 401-405.

Mais nous venons ici d'engager la difficile question des modèles en histoire des sciences. Car si le « darwinisme social » s'est précédé dans l'être par l'ordre spencérien du progrès, il va s'agir désormais de savoir si les concepts constitutifs ante-darwiniens sont identifiables à ceux, effectivement présents, dont use la théorie darwinienne de l'*Origine des espèces* ; s'il n'en était pas ainsi, l'imputation de « darwinisme social » serait doublement abusive, dans un déplacement historique et structural dont la finalité devra au moins être suggérée.

Une première constatation s'impose, et elle est, à notre avis, fondatrice : le transformisme darwinien ne peut, sauf à l'infléchir, valoir pour une théorie du progrès ; car si la 3e édition de l'*Origine des espèces* en 1861 inclut la prise en charge critique de la notion, le texte de 1859, quant à lui, est muet sur ce point, qui apparaît, de ce fait, comme indifférent pour la signification de l'évolution : on ne saurait surestimer cette absence originaire. De surcroît, les éditions ultérieures, si elles opèrent la recension des arguments, n'en reconnaissent aucun pour décisif : « Chaque être, et c'est là le but final du progrès, tend à se perfectionner de plus en plus relativement à ses conditions. Ce perfectionnement conduit inévitablement au progrès de l'organisation du plus grand nombre des êtres vivants dans le monde entier. Mais nous abordons ici un sujet fort compliqué, car les naturalistes n'ont pas encore défini, d'une façon satisfaisante pour tous, ce que l'on doit entendre par un ' progrès de l'organisation ' » (35). Même le critère de von Baer-Milne-Edwards, « l'étendue de la différenciation des parties du même être et la spécialisation de ces parties pour différentes fonctions » (36), n'autorise pas à postuler un vecteur de développement. Bref, c'est le concept même de perfection qui perd son sens dans la théorie darwinienne, car la sélection naturelle ne produit que des éventualités vitales, s'effectue *hic et nunc,* donc toujours locale et momentanée, c'est-à-dire relative. La problématique de l'adaptation s'avère ici en radical déplacement d'avec le concept lamarcko-spencérien. Dans ces

---

(35) *L'Origine des espèces au moyen de la sélection naturelle ou la lutte pour l'existence dans la nature,* trad. Barbier sur l'édition anglaise définitive, 1876, Paris, éd. Costes, 1951, chap. IV, p. 133. « Si ma théorie impliquait comme condition nécessaire le progrès de l'organisation, des objections de cette nature lui seraient fatales » (*ibid.,* chap. XI, p. 413).

(36) *Origine des espèces,* chap. IV, p. 133. On mesure ici aussi la distance théorique d'avec Spencer. Aussi bien d'ailleurs le rôle d'A. Smith, quant au principe de la division du travail qu'il introduit dans *The Wealth of Nations,* est-il mineur, pour ne pas dire imperceptible, pour la formation de la théorie darwinienne : les rares références dans les *Carnets* concernent exclusivement la doctrine des sentiments moraux ; et si le poids théorique de Milne-Edwards est, lui, réel, (il se manifeste en 1857 dans le manuscrit de *Natural Selection,* ed. by R.C. Stauffer, Cambridge U.P., 1975), l'usage de la division du travail dans la biologie darwinienne ne doit pas être surestimé, car la spécialisation n'y est jamais créditée d'une valeur en soi, mais toujours en référence avec l'avantage écologique qu'elle confère, et, en l'espèce, une quelconque différenciation suffit pourvu qu'elle permette l'exploitation territoriale (*Origine des espèces,* chap. IV, p. 123).

conditions, l'ordre biologique darwinien, issu de considérants bio-géographiques, hors de tout *a priori* de légitimation économique, n'implique et ne justifie ni hiérarchie d'organisation ni normativité culturelle (sociale, anthropologique...) à quoi, en dernier ressort, tout postulat de progrès est acculé. Dans la biologie transformiste darwinienne ne se repèrent ni philosophie de la perfectibilité ni idéologie du progrès, celui-ci restant sans critère et, à la limite, inutile dans une théorie de l'évolution à partir de variants, dont le succès est estimé référentiellement à des situations mouvantes et jaugé statistiquement par la possibilité de se reproduire.

Sans programme comme sans projet, l'évolution de type darwinien est cependant structurée dans l'incidence du schéma malthusien et à travers le fait de la compétition vitale. S'agissant du premier, et puisque tant au XIXe siècle qu'au XXe, des exégètes multiples y ont reconnu le détonateur et le modèle de la théorie, il importe d'évaluer son statut, en n'oubliant d'ailleurs pas que le darwinisme social a été occasionnellement identifié à sa composante malthusienne. Sans reprendre ici le traitement par les sources dont on peut penser que l'exploitation des *Carnets* par G. de Beer l'a réglée (37), nous souhaitons proposer quelques éléments de comparaison. Là où Malthus, dans un champ de stricte comptabilité arithmétique, perçoit la pression de population comme l'évacuation non sélective d'un excédent, au plus proche d'une économie naturelle statique de compensation, là où Spencer crédite cette pression de population d'une valeur éthico-physiologique dans le cadre d'une idéologie de l'adaptation-équilibration qui mobilise et optimise l'idéologie malthusienne, Darwin reconnaît le fait démographique (même si, de son propre aveu, il n'a pas, pour ce faire, attendu Malthus) (38) et se sensibilise à la pression populationnelle à travers sa formulation mathématique; on connaît la suite. Mais ce qui nous retiendra ici, c'est que l'implant malthusien a une fonction simultanément effective et minimale : positif comme catalyseur d'une série de notions acquises (variation - sélection artificielle - distribution bio-géographique - endémisme insulaire - exigence théorique du transformisme), neutre à titre de prise en compte d'une situation sans surdétermination de sens (équilibre ou progrès). Déjà limité, le schéma malthusien va aussi être mis en place dans la théorie darwinienne; en effet la compétition s'y opère moins pour une *quantité* de ressources que pour une spécificité de

---

(37) « Transmutation Notebooks », ed. by G. de Beer, *Bull. of the British Museum, Nat. Hist., Historical Series,* London, 1959-1965.

(38) « Il m'arriva de lire, pour me distraire, le livre de Malthus sur la population. J'étais bien préparé par une observation prolongée et continue des habitudes des animaux et des plantes à apprécier la lutte pour l'existence, qui se rencontre partout, et l'idée me frappa que, dans ces circonstances, des variations favorables tendraient à être préservées, et que d'autres, moins privilégiées, seraient détruites » (*Vie et Correspondance de Ch. Darwin,* I, p. 86).

celles-ci : où la recherche de nourriture conjuguée à l'appropriation d'un territoire définit une niche écologique, qui, d'ailleurs, est susceptible de convertir la compétition en coexistence par exploitation de territoires parallèles selon les modes de vie respectifs. Le principe de divergence, acquis entre 1845 et 1857, substitue ainsi à l'immobilisme d'une économie politico-naturelle malthusienne une écologie évolutive qui fait basculer le graphisme malthusien de pénurie dans un processus sélectif d'organisation généalogique des vivants, mais où, nous l'avons vu, la représentation d'un progrès n'a pas de place. Ainsi, la mise en fonction du principe démographique malthusien le subordonne à une problématique qui lui est étrangère et préexistante. Il faut donc ignorer ou méconnaître ce retravail conceptuel pour conclure de la présence d'une formule (39) à sa valeur opératoire identifiée à celle de ses origines ou à son statut de modèle.

Quant à la lutte proprement dite au sein de laquelle et par quoi le progrès doit se réaliser — toujours selon la thématique générale du « darwinisme social » —, elle reçoit dans la théorie darwinienne un traitement original. Certes, la notion elle-même ne l'est guère : dominante au sein de l'histoire naturelle dans les doctrines d'*oeconomia naturae* de tradition linnéenne, on la retrouve dans les premières décennies du XIXe siècle, présente dans la vision lyellienne : mais dans les deux figures évoquées, son rôle reste négatif, car, soit elle n'opère qu'une « balance » et une « police » des espèces, soit elle s'inscrit dans un uniformitarisme non transformiste. La problématique bascule avec Darwin : tout en ne devenant pas le moteur d'un progrès dont on a vu qu'il était absent de la théorie biologique, la lutte pour la vie s'institue comme la situation par rapport à quoi la variation aura un sens de survie ; dans cette mesure, le combat s'insère comme facteur positif dans l'évolution, nous dirions volontiers comme opérateur et étalonneur, à titre de milieu d'exercice de la variation, comme test de celle-ci et pour distributeur des différences puisque, « au sens général de relations mutuelles de dépendance des êtres organisés » (40), ce sont ces inter-relations spécifiées qui décident de la fonction vitale et relative de telle modification infinitésimale de structure. Ainsi la lutte pour l'existence est condition d'existence, paramètre d'une expérience biologique, mais non point valeur en soi. Or, c'est sous ce régime que W. Bagehot tentera en 1867-1869 de l'utiliser pour écrire une histoire des nations, dans la veine, dit-il, darwinienne. « A chaque âge du monde, les nations qui sont les plus fortes tendent à prévaloir, et, pour certains traits

(39) « C'est la doctrine de Malthus appliquée avec une intensité beaucoup plus considérable à tout le règne animal et tout le règne végétal », *Origine des espèces*, chap. III, p. 69.
(40) *Origine des espèces*, chap. III, p. 68.

particuliers, les plus forts tendent à être les meilleurs... C'est ce type de doctrine qui, dans l'ordre des sciences physiques, nous est devenu familier sous le nom de sélection naturelle » (41). A partir de ce considérant général, Bagehot développe, sous couvert de ladite doctrine, une idéologie politique des vertus martiales, d'une société militarisée, sinon militariste, l'ordre martial devant nécessairement prévaloir du fait de la supériorité conférée à la cohésion disciplinaire qu'il implique. « Quoi qu'on puisse objecter à la sélection naturelle en d'autres domaines, il est incontestable qu'elle a dominé l'histoire humaine primitive. Les plus forts tuèrent les plus faibles. Et je n'ai nul besoin de m'arrêter à prouver qu'une quelconque forme de gouvernement est plus efficace que pas du tout » (42). Pour avoir hypostasié la lutte darwinienne en conduite martiale, valable en soi, à l'état nu, Bagehot convertit la théorie en une polémologie idéologique, où il serait possible de reconnaître, plutôt que Darwin, et avant lui, le culte du guerrier-missionnaire maître de lui-même, tel que Carlyle en avait proposé le profil en 1843 dans *Past and Present* (43) : où le darwinisme social de Bagehot risque fort d'être en définitive, ou mieux, dès l'origine, un puritanisme militant. Il manque en tout cas à prendre acte des recommandations darwiniennes d'entendre la lutte pour l'existence comme une « métaphore » (44), c'est-à-dire, *stricto sensu,* un déplacement du sens littéral de combat direct : déplacement double, à titre — nous le rappelions précédemment — de « relations mutuelles de dépendance » et de possibilité de laisser des descendants. Célébrer le règne du conflit, arguer d'une supériorité dont celui-ci serait le crible et celle-là la justification, en même temps que la conquête vaudrait pour son indice, revient, en somme, à ignorer et à expurger le sens d'écologie biotique de la formule darwinienne, où les inter-relations conditionnent l'expansion et l'extinction. Nous le répétons : qu'y a-t-il de darwinien dans le « darwinisme social » ? Car, si Bagehot a cru pouvoir écrire que « la plupart du temps, tout au long des périodes primitives, la valeur militaire est un indice de réel mérite :

---

(41) W. BAGEHOT, « Physics and Politics », *Fortnightly Review,* nov. 1867, avril 1868, juillet 1869, in *The Works and Life of W. Bagehot,* ed. by Mrs. Russell Barrington, London, 1915, vol. VIII, p. 29 (traduit par nous). On pourrait ici intégrer B. Kidd pour qui la lutte est le *seul* facteur de maintien et de progrès des acquis ; si, comme c'est le cas actuellement, on en vient à réduire les conflits, l'idéal de paix et de justice sociale débouchera en fait dans la mort du progrès et le retour à la sauvagerie. Pour une critique des thèses de Bagehot, voir RENOUVIER, *Critique philosophique,* 1875, qui conteste la corrélation du despotisme et de la maîtrise de soi, l'utilité de la « guerre » pour l'établissement de la civilisation.

(42) W. BAGEHOT, cit. note 41, p. 16 (traduit par nous).

(43) Aussi bien l'organisation des classes laborieuses devrait-elle se régler, comme un ordre de chevalerie, dans la préséance des « capitaines d'industrie », car nul combat ne peut être assuré dans l'anarchie : « Battle-hosts and work-hosts must and will be regulated », *Past and Present,* Everyman's Library, London, 1949, livre IV, chap. 4, p. 263.

(44) « Je dois faire remarquer que j'emploie le terme de lutte pour l'existence dans le sens général et métaphorique... », *Origine des espèces,* chap. III, p. 68.

la nation qui triomphe est la nation qui devait triompher » (45), il a aussi été précédé par Spencer dans cette voie. Et c'est bien à la date de 1851 que celui-ci assurait que, si « l'ancien instinct prédateur » a retardé l'avènement de la civilisation, « il l'a aussi servie en désencombrant (46) la terre des races humaines inférieures. Les forces qui sont à l'œuvre dans le grand schème du bonheur parfait, ne tenant aucun compte des souffrances accidentelles, exterminent toutes les tranches d'humanité qui leur font obstacle, avec autant de rigueur qu'elles exterminent les bêtes de proie et les troupeaux de ruminants inutiles... De même que le sauvage a pris la place des créatures inférieures, de même il doit, s'il est resté trop longtemps sauvage, faire place à son supérieur. A l'évidence donc, depuis les origines, la conquête d'un peuple sur un autre a été, pour l'essentiel, la conquête de l'homme social sur l'anti-social, ou, *stricto sensu,* du plus adapté sur le moins adapté » (47). Il faut donc rendre à César ce qui est à César et convenir ici que l'idée d'un progrès à travers une polémologie raciale n'a pas eu, et n'avait pas, besoin de Darwin pour se manifester, puisqu'aussi bien elle l'a précédé en s'exerçant à travers une problématique dont nous avons déjà dit qu'elle fut pour l'essentiel lamarckienne (48). La technique du bouc émissaire reste ce qu'elle est : un travestissement sans innocence.

Reste alors la trop célèbre formule de « la survivance des plus aptes ». Il est d'abord utile de se rappeler que, ne figurant pas dans la première édition de l'*Origine des espèces* — sa nécessité théorique est ainsi exclue — elle y sera importée en 1866 et précisément dans une

---

(45) W. BAGEHOT, cit. note 41, p. 53 (traduit par nous).

(46) « Clearing » : le terme signifie aussi purifier, dépurer. Nous avons retenu « désencombrer » en rapport avec une théorie de la population.

(47) H. SPENCER, *Social Statics,* 1851, in Peel, cit. note 5, p. 21. Il reprendra le traitement de la question dans *The Study of Sociology,* 1879, in Peel, cit. note 5, pp. 167-174 : bien qu'y nuançant les avantages de la guerre, il conserve la thèse essentielle d'un progrès assuré par une « sélection négative », c'est-à-dire une « extirpation » des races « moins adaptées » à faire face « aux conditions d'existence », et dépendant du fait que le conflit provoque « des développements ultérieurs de l'activité fonctionnelle » ; le combat donne ici l'occasion d'une avance physio-psychologique (toujours la captation lamarckienne). Relégué toutefois à la phase dite « barbare », le combat-violence cèdera et a cédé la place à la « guerre industrielle ou compétition des sociétés durant laquelle les meilleurs, physiquement, affectivement et intellectuellement, prennent de l'extension et laissent graduellement disparaître les moins aptes, qui manquent à avoir une postérité suffisante », *op. cit.,* p. 174 : où Spencer finit par où il a commencé, dans une apologie du radicalisme libéral. Il sera entendu par les théoriciens américains (cf. R. HOFSTADTER, *Social Darwinism in American Thought,* Philadelphia, 1944, rééd. 1955).

(48) Confirmation en serait donnée, en cas de besoin, par cette remarque de Wallace en date de 1864 : « La rude discipline d'un sol stérile et de saisons inclémentes » a développé la hardiesse, la prévoyance et l'ingéniosité des races qui y sont soumises, par rapport aux habitants des régions tropicales. L'article de Wallace en cause fut consacré à l'application de la théorie de la sélection naturelle à la formation des races humaines. Nous réservons encore la question de *La Descendance,* mais, en tout état de cause, la date en est tardive (1871) et appellera des nuances dans l'interprétation.

contamination avec l'expression spencérienne. Or il vaut la peine de regarder de près ce texte de Spencer. Celle-ci, « la survivance des sélectionnés », était déjà apparue avant le darwinisme, dans une connotation lamarckienne que nous avons dégagée ; mais en 1863, après l'*Origine des espèces,* Spencer annonce le réinvestissement de « la survivance des plus aptes » dans sa « physique » générale de la force, comme capacité à l'équilibration. « En cherchant à établir la concordance » [avec la théorie générale de l'évolution] « je fus conduit tout d'abord à constater ce fait que ce que Darwin appelait la ' sélection naturelle ' devait être appelé d'une manière plus littérale la survivance des plus aptes. Mais qu'est-ce que la survivance des plus aptes, considérée comme un résultat d'actions physiques ?... En reconnaissant la continuation de la vie comme la continuation d'un équilibre mouvant, détruit de bonne heure chez quelques individus par des forces incidentes, et conservé chez d'autres jusqu'à ce qu'ils aient reproduit l'espèce, nous voyons que cette survivance... et cette multiplication des individus choisis peut se concevoir en des termes purement physiques, comme le résultat indirect d'une forme complexe de l'universelle redistribution de la matière et du mouvement » (49). C'est donc au moment où Spencer capte la « sélection naturelle » en la réintégrant dans un évolutionnisme universaliste que Darwin, sans doute aux prises avec les critiques et incompréhensions soulevées par l'expression (50), lui substitue, selon nous fort malencontreusement, la formulation spencérienne (51) dont il ne perçoit pas la distance théorique d'avec la sienne : « L'expression qu'emploie souvent M. Spencer, ' la persistance du plus apte ' est plus exacte, et quelquefois, tout aussi commode » (52) : où Darwin ici se fait piéger par Spencer. Mais ce déplacement métaphorique qui, au niveau de la problématique biologique reste sans conséquence, puisqu'*a posteriori* et ne recouvrant en définitive qu'une procédure de pédagogie scientifique, ce déplacement pourrait avoir entretenu des rapports et conséquences plus équivoques dans l'ordre ultérieur de *La Descendance,* dont il va être question désormais pour traiter du délicat problème du « darwinisme social » de Darwin *à ce niveau.*

Auparavant, il faut dire un mot des raisons possibles qui, alors que le contexte théorique ne le justifiait pas, ont conduit à réserver au darwinisme une paternité doctrinale qui, en la matière, aurait pu et dû être

---

(49) *Autobiographie,* pp. 310-312.

(50) *Origine des espèces,* chap. IV, pp. 86-87.

(51) Pour l'histoire des hésitations darwiniennes, voir J. Rogers, « Darwinism and Social Darwinism », *Journal of the History of Biology,* 30 (1972), p. 275.

(52) *Origine des espèces,* chap. III, p. 67. Inversement, Spencer, lui, est parfaitement conscient des disparités de représentation et de fonction : voir « L'évolution selon M. Martineau », *Contemporary Review,* juin 1872, in *Essais de morale, de science et d'esthétique,* trad. Burdeau, Paris, 1898, vol. III, p. 25 ; également, *Premiers principes,* § 159-168, notamment pp. 400-401, 404 et 423.

reportée au système spencérien. A la vérité, on ne transpose pas Darwin lorsqu'on se réclame de lui dans un essai d'application de sa théorie à la société : on retrouve des origines, des postulats, et des préjugés. Cela dit, le discours darwinien a conservé dans son énonciation des formules dont il a transformé la problématique : on a d'autant plus aisément pu ne pas entendre cette révolution conceptuelle qu'elle s'opérait hors de l'idéologie première que les exégètes ou les prosélytes véhiculaient. Par ailleurs, mais corrélativement, la théorie darwinienne fut prise pour ce qu'elle était, en l'occurrence un corpus *scientifique* où l'on a souhaité découvrir la sécurité d'un savoir et la garantie d'une naturalité ; le spencérisme préliminaire manquait à l'assurer dans la mesure où son champ originaire restait celui d'une *opinion* socio-économique — aussi bien Spencer lui-même s'est-il efforcé de conférer un statut de science à la sociologie.

Or en 1871, avec la publication de *La Descendance de l'homme,* Darwin semble en fait avoir justifié cette anticipation à extrapoler sa théorie aux groupes humains, puisque le texte darwinien constitue le flagrant délit d'une application par son propre auteur. L'ouvrage est certes multiforme, mais l'on repèrera le « darwinisme social » dans le second thème de *La Descendance,* celui d'une recherche « ethnologique » instituant la sélection naturelle pour facteur dominant quant au progrès vers et dans la « civilisation » (53) : « Dans son état actuel le plus imparfait, l'homme n'en est pas moins l'animal le plus dominateur qui ait jamais paru sur la terre. Il s'est répandu beaucoup plus largement qu'aucun autre animal bien organisé, et tous lui ont cédé le pas. Il doit évidemment cette immense supériorité à ses facultés intellectuelles, à ses habitudes sociales qui le conduisent à aider et à défendre ses semblables et à sa conformation corporelle. Le résultat final de la lutte pour l'existence a prouvé l'importance suprême de ces caractères... On ne peut mettre en doute la haute importance des facultés intellectuelles, puisque c'est à elles que l'homme doit principalement sa position prééminente dans le monde. Il est facile de comprendre que, dans l'état primitif de la société, les individus les plus sagaces, ceux qui employaient les meilleures armes ou inventaient les meilleurs pièges, ceux qui, en un mot, savaient le mieux se défendre, devaient laisser la plus nombreuse descendance » (54). Ce postulat du progrès-domination d'une tribu, race ou peuple — car Darwin, pas plus que ses contemporains, ne discrimine rigoureusement les concepts de nations,

(53) S'agissant de traiter du « darwinisme social » dans *La Descendance,* nous nous limiterons aux remarques essentielles de structuration de l'anthropologie darwinienne et de ses conditions de possibilité : pour plus ample traitement, voir notre article in *De Darwin au darwinisme,* Congrès de Chantilly 1982.

(54) *La Descendance de l'homme*..., chap. II, p. 47 ; chap. V, p. 138.

races, populations — attribué à leurs aptitudes mentales et sociales, sélectionnées pour leur avantage dans la lutte pour l'existence, Darwin le reçoit en fait de Wallace (1864) par un détour qui le renvoie d'une application première (de Darwin par Wallace) à une acceptation seconde (de Wallace par Darwin). Toutefois, si la thématique en est simple, *La Descendance,* elle, souffre de nombreuses oscillations qu'un historien de la biologie se doit de signaler pour éviter un insidieux schématisme simplificateur. Nous ne retiendrons que celle touchant à la contre-sélection, puisqu'en la matière, elle a été l'occasion de lier darwinisme et eugénisme : en fait, si, se référant à Greg et à Galton, Darwin signale le contre-jeu naturel des protections sociales (qui préservent les faibles de tous acabits), il s'empresse de plaider pour la sympathie humaine (55), en complétant cet appel, qui ne serait encore que généreux, par la logique même de la sélection naturelle montant les instincts sociaux dont ladite compassion est le produit ; la contre-sélection devient ici le contrepoint indirect de la sélection. La solution eugéniste avorte donc de fait et de droit dans le discours darwinien. Le schéma malthusien, quant à lui, est utilisé à plusieurs reprises, comportant cette fois l'énumération des « freins » sociologiques à la surpopulation (56). Cependant les références à Spencer se sont diversifiées, tandis que certains emprunts, notamment à Nott et Gliddon, pour rester éclectiques, n'en sont pas moins périlleux (57). Il faut en outre rappeler que, par sa maturation chronologique — la rédaction en a commencé en février 1868 après que les premières références aient paru dans les *Carnets* en 1837 — *La Descendance* se situe dans l'ordre et la chronologie d'une anthropo-ethnologie qui tente une taxinomie des races cependant que la colonisation française accompagne l'expansion du Commonwealth. Participant donc de cette structure mentale qui est, dans la deuxième moitié du XIXe siècle, l'idéologie de la civilisation où se compose l'ordre bourgeois européen, *La Descendance* en véhicule les stéréotypes — primat du technologique ; mythe de la mission colonisatrice ; société conjugale hiérarchique — par l'intermédiaire de l'optique sélectionniste. Mais le concept de sélection naturelle censée « perfectionner graduellement les facultés [sociales, intellectuelles, morales] pendant les temps primitifs et civilisés » (58), subit, pour ce faire, deux infléchissements radicaux : conversion d'une adaptation relative en un office d'épuration des déviants, dans « une marche de l'élimination des

---

(55) « Nous ne saurions restreindre notre sympathie, en admettant même que l'inflexible raison nous en fît une loi, sans porter préjudice à la plus noble partie de notre nature », *ibid.,* chap. V, p. 145.

(56) *Ibid.,* chap. II, pp. 42 à 45 : chez les nations civilisées et les « sauvages ».

(57) *Types of Mankind,* publié en 1854 par Nott et Gliddon, polygénistes racistes : Darwin n'en retient que le parallélisme de distribution bio-géographique des mammifères et des formes humaines.

(58) *Descendance,* 1re partie, chap. V : tel est l'intitulé du chapitre.

infériorités » (59) où se transpose la police des populations chère à l'économie naturelle du XVIIIe siècle ; conversion d'un statut de « principe » en une « loi inflexible » (60) qui, au lieu de coordonner les faits de variation et de reproduction, fonctionne désormais comme la loi du progrès ; ordonnée à l'expression spencérienne, la sélection est devenue normative. Mais l'*Origine des espèces* avait, quant à elle, renoncé à toute instauration légaliste car la complexité des relations entre les vivants interdisait, même si on en avait rêvé, de penser la biologie sur le modèle d'une science de l'inorganique (61).

Simultanément, l'idée d'un perfectionnement s'est imposée sous la forme d'une échelle d'humanité, de la barbarie à la civilisation, schéma ethnologique dont les indices céphaliques portent un témoignage relatif. Néanmoins, s'agissant de cette thématique du progrès, *La descendance* reste ambiguë : corrélativement réticente quant à sa détermination — « il est facile de se tromper sur ce qui constitue la perfection » (62) — et soulignant les rétrogradations, mais aussi expurgeant de sa critique une pluralité d'arguments négatifs que la troisième édition de l'*Origine des espèces* en 1861 avait élaborés. Ainsi donc, et par rapport au texte de 1859 qui, lui, ne traitait même pas la question, *La Descendance* institue une distorsion non négligeable, d'autant que l'intelligibilité du progrès dans le discours anthropologique de 1871 est à référer à un processus lamarckien d'acquisition par l'exercice dû aux besoins et à l'action directe des conditions d'existence : « Le progrès semble dépendre du concours d'un grand nombre de conditions favorables, beaucoup trop compliquées pour qu'on puisse les indiquer toutes. Toutefois, on a souvent remarqué qu'un climat tempéré, qui favorise le développement de l'industrie et des arts divers, est une condition très favorable, indispensable même au progrès. Les Esquimaux, sous la pression de la dure nécessité, ont réussi à faire plusieurs inventions ingénieuses, mais la rigueur excessive de leur climat a empê-

---

(59) Telle est déjà la « sélection négative » de Spencer : cf. *Social Statics,* in Peel, cit. note 5, p. 21, et *The Study of Sociology, ibid.,* p. 168.

(60) La sélection comme « principe » : *Origine des espèces,* chap. II, pp. 30, 31, 32, 33 ; chap. III, p. 67 ; chap. IV, pp. 85-86 ; p. 140. etc... La sélection comme « loi » : *Descendance,* 1re partie, chap. II, p. 46. L'expression figure aussi une fois dans l'*Origine des espèces,* mais c'est dans l'édition de 1872 : il pourrait alors s'agir d'une rétroaction conceptuelle de *La Descendance* sur l'*Origine des espèces.*

(61) « Que l'on jette en l'air une poignée de plumes, elles retombent toutes sur le sol, en vertu de certaines lois définies ; mais combien le problème de leur chute est simple quand on le compare à celui des actions et réactions des plantes et des animaux innombrables qui, pendant le cours des siècles, ont déterminé les quantités proportionnelles d'arbres qui croissent aujourd'hui sur les ruines indiennes » (*Origine des espèces,* chap. III, pp. 80-81).

(62) *Descendance,* 1re partie, chap. III, p. 96. « Nous ne pouvons pas expliquer l'échelle organique ascendante » (*ibid.,* chap. V, p. 136). « Il est difficile d'indiquer pourquoi une tribu plus qu'une autre réussit à s'élever sur l'échelle de la civilisation » (*ibid.,* p. 144) : l'aveu doit ici être enregistré quant aux limites du sélectionnisme darwinien en matière d'ethnologie.

ché tout progrès continu... Il est certain que les mâchoires sont généralement plus petites chez les hommes à position aisée et chez les peuples civilisés que chez les ouvriers et chez les sauvages. Mais chez ces derniers, ainsi que le fait remarquer M. Herbert Spencer, l'usage plus considérable des mâchoires, nécessité par la mastication d'aliments grossiers et à l'état cru, doit influer directement sur le développement des muscles masticateurs et sur celui des os auxquels ceux-ci s'attachent » (63). Or l'implant lamarckien, on le sait, a étendu son importance dans la 5e édition de l'*Origine des espèces,* à la date donc de 1869, deux ans seulement avant la parution de *La Descendance* (64). Dans ces conditions, on peut, semble-t-il, corréler l'amorce d'une biosociologie du progrès et l'influence croissante du spencéro-lamarckisme : la mesure du « darwinisme social » de Darwin ne serait-elle pas celle de sa pénétration lamarckienne ?

La sélection naturelle de la théorie biologique darwinienne voit donc son statut dénaturé et sa fonction déportée, cependant que, *a contrario,* la sélection artificielle, analogique et pédagogique dans l'*Origine des espèces,* acquiert une positivité accrue et radicale au sens où le civilisé se définit, dans l'anthropologie darwinienne, comme le domestiqué ; représentation quasi zootechnique qui va permettre de résoudre biologiquement un problème d'histoire : en effet, on s'en souvient, sous l'influence des changements opérés par l'élevage dans leurs conditions d'existence, la fécondité des sujets augmente, induisant ainsi la diffusion des « races civilisées » dans le temps même où la colonisation qui bouleverse aussi les conditions de vie des indigènes en reçoit son explication puisque l'extinction de certaines populations tasmaniennes soumises se réduit à un trivial phénomène démographique (65). L'économie de la domestication structure ainsi une problématique sociopolitique, en la dispensant d'une remise en question radicale. Mais, à nouveau, *La Descendance* n'est pas la suite de l'*Origine des espèces,* mais sa chute. Or cette économie de la domestication administre également en contrepoint la philosophie du « sauvage » : comme « précivilisé », sa distribution géographique [Néo-Zélandais, Patagons, Australiens, Tasmaniens, Mélanésiens, Maoris, Boschimans, Hottentots] recouvre exactement celle des proto-cultures —et de la colonisation — cependant qu'il devient, à titre de « sauvage moderne », le vestige et le témoin du sauvage primitif. De ce fait, *La Descendance* prend littéralement les « sauvages » à témoin, et parmi eux, le Fuégien : la circumnavigation de Darwin lui a donné l'occasion de le contempler, voire de le fréquenter, et il nous paraît qu'il a pour *La Descendance* la même radi-

---

(63) *Descendance,* 1re partie, chap. V, p. 144 ; chap. II, p. 30. Egalement chap. II, p. 65 ; chap. III, p. 94.

(64) Le rappel en est fait in *Descendance,* chap. II, p. 61.

(65) *Descendance,* 1re partie, chap. VII, pp. 202-208.

calité théorique que la faune ornithologique des Galapagos pour l'*Origine des espèces* ; en effet, le *Journal de Voyage* en rapporte la révélation, et le texte de 1871 articule ses énoncés d'anthropologie culturelle sur l'instance décisive de ce primitif : « Avant d'avoir vu les Fuégiens, je ne me figurais pas combien est énorme la différence qui sépare l'homme sauvage de l'homme civilisé, différence certainement plus grande que celle qui existe entre l'animal sauvage et l'animal domestique, ce qui s'explique d'ailleurs par ce fait que l'homme est susceptible de faire de plus grands progrès » (66). Ainsi *La Descendance* fait ici retour aux sources. Construite d'ailleurs sur une abondante littérature anthropologique qui conjugue des ouvrages techniques et des récits d'exploration, l'œuvre rejoint les intérêts de départ puisqu'aussi bien les premières notations des *Carnets* introduisent déjà au problème de l'origine de l'homme et au corrélat du sauvage et du civilisé, et que la date de leur écriture coïncide avec celle du retour du *Beagle.* Mais le genre du « Voyage » demeure en soi ambigu, et celui du capitaine Fitzroy et de Darwin ne faillira pas au double registre que comporte ce type d'expérience, de nature et d'humanité. Or si Darwin s'instruit au décentrement biogéographique au point d'y fonder une biologie révolutionnaire des espèces, il importe, dans son voyage anthropologique, une idéologie ethnocentriste de l'homme chrétien, européen et britannique, à travers laquelle le « sauvage » reçoit une empreinte indélébile. Si bien que *La Descendance* peut, comme l'*Origine des espèces,* prendre appui sur le même voyage sans avoir le même âge théorique. Car enfin si, dans *La Descendance,* Darwin croit appliquer la théorie de l'*Origine des espèces,* c'est au prix de telles dénaturations et compromissions que son rapport à son œuvre maîtresse en devient proprement idéologique, au titre d'une méconnaissance du lieu de sa procédure. Car il y parle à partir de sources précritiques, non théorisées, le *Voyage* et les *Carnets,* et il y parle aussi par l'effet « boomerang » d'emprunts à ses contemporains tels Wallace, Spencer ou Greg. A telle enseigne que s'il n'eût pas été piégé lui-même par un prédarwinisme, il eût, à partir de l'*Origine des espèces,* trouvé matière à une tout autre anthropologie sociale : le primat dévolu à la variation individuelle illimitée et infinitésimale l'eût prémuni contre toute tentation de typologie raciale ou nationale ; le relativisme écologique exprimé dans le réseau local et mouvant de niches momentanées eût dû le soustraire au schématisme d'un progrès linéaire et à l'universalisme culturel d'un européanisme dominant. En bref, l'*Origine des espèces,* de par sa destruction de tout ordre *a priori,* de perfection et de supériorité en soi, avait pour horizon une bio-anthropologie de la différence et de la contingence. Ainsi le

(66) *Voyage d'un naturaliste autour du monde.* trad. Barbier, 2e éd., Paris, 1883, chap. X, p. 220.

« darwinisme social » au niveau de *La Descendance* se résout-il en une ethnologie culturelle, non nécessitée par la théorie biologique de l'évolution qu'elle déplace pour s'instituer ; son fonctionnement s'assure dans une constellation de processus (sélection ; imitation ; usage - non-usage ; conditions directes d'existence) où une causalité lamarckienne — mâtinée de spencérisme — l'emporte lorsqu'il s'agit d'entériner un prophétisme de progrès, d'ailleurs mêlé ; ses référents s'autorisent d'une idéologie européano-nationaliste de *la* « civilisation », dont le réseau lui préexiste structuralement et géographiquement (67), et où Darwin retrouve d'ailleurs tout à la fois un auto-proto discours ambivalent et des lectures surimposées dans l'espace qui sépare l'*Origine des espèces* de *La Descendance*. En foi de quoi, si Darwin a parlé en évolutionniste social, il reste toujours à se demander s'il a parlé en darwinien.

Le « darwinisme social » existe-t-il ? demandions-nous. A quel titre d'abord ? Slogan et non concept ; psychologie culturelle et non théorie scientifique ; idéologie, mais où le darwinisme fut occasion et prétexte, et pour lui-même aussi. En ce sens, le « darwinisme social » mérite d'être traité comme un contresens de l'histoire, d'autant que, parlant en arrière du darwinisme biologique, on a voulu ou espéré, ce faisant, confondre une certaine histoire politique avec un savoir naturaliste : « Tant que nous n'avez pas une vraie théorie de l'humanité, vous ne pouvez interpréter l'histoire, et quand vous avez une vraie théorie de l'humanité, *vous n'avez plus besoin de l'histoire* » (68) : propos tenu par Spencer, d'où il appert qu'il peut exister et qu'il a existé une idéologie de la loi. Mais aussi, c'est le destin d'une idéologie de chercher à s'assurer dans une science et de perpétuellement y manquer, puisqu'elle la fausse nécessairement. Le « darwinisme social » reste donc un leurre, dans tous les sens du terme.

---

(67) « L'homme blanc et civilisé n'oubliera pas les routes qu'il s'est ouvertes... En vertu de faits qui s'enchaînent et de nécessités qui s'imposent, les races humaines futures auront été renouvelées par une large infusion de sang blanc, c'est-à-dire par l'élément ethnologique qui a porté le plus loin et le plus haut le développement de l'intelligence humaine. Par suite, elles se seront rapprochées ; mais elles ne seront pour cela ni pareilles, ni égales. Pour être plus ou moins affaiblies, les causes qui ont diversifié les membres de la grande famille n'en subsisteront pas moins. Il y aura toujours des races supérieures et des races inférieures. Mais, dans l'ensemble, l'humanité aura grandi ». Qui l'a écrit ? Ce n'est ni Gobineau, ni Vacher de Lapouge (le métissage étant pour eux dégénérescence) ; ce n'est pas Spencer — ce l'aurait pu —, mais c'est Armand de Bréau de Quatrefages, anthropologue français notoire, et qui, sur commande du Ministère de l'Instruction Publique, présente en 1867 au public cultivé le *Rapport sur les progrès de l'anthropologie* (pp. 492-493).

(68) SPENCER, *Life and Letters*, ed. by Duncan, London, 1908, p. 62.

QUELQUES POINTS DE RÉFÉRENCE DANS LA LITTÉRATURE DU « DARWINISME SOCIAL » AU XIXe SIÈCLE

Les ouvrages marqués (x) sont de compilation ou de synthèse.
Ceux marqués (*) se situent par rapport au darwinisme social.
Les autres peuvent être considérés comme des travaux de prosélytisme.

1862 Préface de Cl. Royer à *L'Origine des espèces.*
1864 A.R. Wallace, « The Origin of Human Races and the Antiquity of Man deduced from the Theory of Natural Selection », *Anthropological Review.*
1867 D. Page, *Man : Where, Whence, Whither...*
1867-1868 W. Bagehot, « Physics and Politics », *Fortnightly Review.*
1868 W.R. Greg, « On the Failure of Natural Selection in the Case of Man », *Fraser's Magazine.*
1869 F. Galton, *Hereditary Genius.*
1870 Cl. Royer, *L'Origine de l'homme et des sociétés.*
(*) 1874 J. Fiske, *Outlines of Cosmic Philosophy.*
1875 A. Schaeffle, *Bau und Leben des sozialen Körpers.*
1877 La querelle E. Haeckel - R. Virchow.
1878 O. Schmidt, *Darwinismus und Sozialdemokratie.*
(*) 1880 E. Gautier, *Le darwinisme social.*
1881 Jacoby, *Etudes sur la sélection.*
(*) 1881 P. Lafargue, *Le matérialisme économique de K. Marx.*
1883 Lester Ward, *Dynamic Sociology.*
1883 W.G. Sumner, *What Social Classes owe to each other.*
(*) 1884 G. Tarde, « Darwinisme naturel et darwinisme social », *Revue philosophique.*
1886 J.C. Harris, *Le darwinisme et la démocratie.*
(x) 1890 A. Boucher, *Darwinisme et socialisme.*
1892 E. Morselli, *C. Darwin e il darwinismo nelle scienze biologiche e sociali.*
(*) 1893 Ch. Gide, *L'idée de solidarité en tant que programme économique.*
(*) 1893 E. Durkheim, *De la division du travail social.*
1893 L. Gumplovicz, *La lutte des races* (trad.).
(*) 1893 Th. Huxley, *Evolution and Ethics.*
1893 Lester Ward, *The Psychic Factors of Civilization.*
1893 Novicow, *Les luttes entre sociétés, leurs phases successives* (trad.).
1894 B. Kidd, *Social Evolution.*
1894 E. Ferri, « La scienza e il socialismo », *Lotta di classe.*
(x) 1895 G. de Greef, *Le transformisme social.*
(*) 1896 A. Loria, « Le darwinisme social », *Revue internationale de sociologie.*
1896 S. Patten, *The Theory of Social Forces.*
1896 G. Vacher de Lapouge, *Les sélections sociales.*
1899 W.D. Mc Kim, *Heredity and Human Progress.*
(x) 1899 G. Maury, *Darwinisme et socialisme.*
1899 Th. Vellen, *The Theory of the Leisure Class.*

REPÈRES DANS UNE BIBLIOGRAPHIE SPENCÉRIENNE

OUVRAGES

BENTHAM ← 1851 *Social Statics*
Coleridge individualisme
. auto-adaptation : ← LAMARCK
Cobden
progrès
« fitness »
division du travail
→ Smith
. parallélisme social/biologique

1855-1872 *The Principles of Psychology*

1859 DARWIN →
1862 *First Principles*
1864-1867 *The Principles of Biology*

1873 *The Study of Sociology*

1876-1896 *The Principles of Sociology*
1884 *The Man versus the State*
1904 *Autobiography*

ARTICLES

1842 « Proper Sphere of Government », *Non-Conformist*

hétérogénéité
spécialisation
von Baer
Milne-Edwards ← 1852 « L'hypothèse du développement », *Leader*

Malthus ← 1852 « A Theory of Population deduced from the General Law of Animal Fertility », *Westminster Review*
l'équilibration par pression de population

l'évolutionnisme
1857 « Progress, its Law and Cause », *Westminster Review*
1857 « La physiologie Transcendante », *National Review*

l'intégration de la sélection naturelle

← 1872 « L'évolution selon M. Martineau », *Contemporary Review*

1875 « La psychologie comparée de l'humanité »

EN FINIR AVEC DARWIN ?

Il peut d'abord s'agir, lors que s'achève 1982, de clôturer le cycle des "célébrations" organisées en Europe pour le centenaire de la mort d'un savant. Prendre acte de ces commémorations tout à la fois les renvoie dans le passé, même proche, et les fixe à titre d'événement historique pour les communautés scientifique, nationale, culturelle. Or, si au XIXe siècle, le darwinisme n'a pas été introduit en France, puisqu'on y chercherait en vain un darwinien authentique ou un savoir renouvelé par l'insertion de l'étiologie sélective-évolutive, en 1982 les témoignages se sont succédés, d'avril 1982 avec la "soirée" Darwin au Centre Pompidou, jusqu'au 17 décembre où vient de se tenir à l'Institut Gramsci de Bologne un séminaire international.

"Si l'on veut en finir avec Darwin, c'est faute d'en finir avec ses préjugés ou ses obsessions"

La prolifération anarchique et les disparités de traitement incitent alors à se demander ce qui s'est passé sous les apparitions de ces témoignages. Le paysage darwinien est-il à ce point syncrétique qu'on puisse tolérer le parallélisme, voire l'indépendance des décryptages scientifiques, idéologiques, critiques ? Faut-il voir au contraire dans cette multiplication des points de vue le signe d'une richesse théorique et philosophique qui préserve des schématismes vulgarisateurs ? S'agit-il d'un phénomène de société ? Entendons par là que la révolution darwinienne de 1859 a été telle qu'au-delà d'une interprétation novatrice de la nature, elle exige encore actuellement une restructuration de nos mentalités que tous nos contemporains ne sont pas prêts à accomplir.

Ainsi le spiritualisme, larvé ou non, le "fondamentalisme" scripturaire font-ils toujours obstacle à la reconnaissance de la théorie darwinienne comme savoir. L'idéologie poppérienne, convertissant le darwinisme en programme métaphysique, est ici venue au secours de la "Christian Science" américaine.

Plus encore, depuis la dernière célébration darwinienne, celle de sa naissance, en 1959, des investigations nouvellement apparues comme l'éthologie et la sociobiologie ont prétendu se reconnaître dans le darwinisme. Une société française dichotomisée en courants politiques irréductibles y a saisi l'occasion, soit d'une apologie élitiste, polémologique, soit d'une répudiation antiraciste, discrimination dont, sans vergogne, on a fait mérite ou grief à la théorie darwinienne.

Mais, dans les deux cas, on s'est trompé de cible : car il eût fallu d'abord distinguer Darwin de Spencer, l'*Origine des espèces* de la *Descendance de l'homme* (*), apercevoir que celle-ci ne dérive

(*) Ces deux œuvres de Darwin ont été publiées respectivement en 1859 et 1871.

pas de celle-là et comprendre que si le dernier ouvrage souffre d'une idéologie européaniste — dominante à son époque et véhiculée par la France aussi en pleine colonisation — il n'y développe aucune thèse ni aucun programme eugénique ou raciste (à la manière de Galton ou de Vacher de Lapouge).

Aussi bien, dénoncer un "Darwin en chemise brune" — l'expression est journalistique — mesure-t-il au premier chef l'ignorance de son informateur. Il faut d'ailleurs le dire une fois, la presse française, quotidienne ou hebdomadaire, a mené grand tapage et souvent de mauvais aloi, lorsqu'elle a improvisé un pseudo-savoir ou cédé à la malhonnêteté intellectuelle de certains de ses interlocuteurs. Mais ce niveau trivial d'estimation du darwinisme nous paraît plus encore révélateur de la mauvaise conscience de notre époque : si l'on veut en finir avec Darwin, c'est faute d'en finir avec ses préjugés ou ses obsessions. Car s'il faut en finir avec Darwin, encore faudrait-il savoir en quoi cela est légitime et pertinent, pourquoi et comment il faut en finir. Or, en dehors de ces remous de société, dans l'ordre d'une cité scientifique, historienne ou philosophique, qu'a-t-on appris sur Darwin et le darwinisme ? Où en est la recherche darwinienne ? Le darwinisme est-il une théorie scientifique actuelle ?

L'histoire de la pensée darwinienne s'est enrichie à trois niveaux d'une façon que l'on peut estimer corrélativement informative et signifiante.

La postérité de la théorie, objet de recherches indépendantes — trop, sans doute — en Italie, en Grande-Bretagne et aux États-Unis, en Allemagne et en France, cette postérité a fait apparaître des divergences d'accueil :

— fonction des structures politiques (l'absence d'unité en Italie jusqu'en 1870 qui a laissé la science dans un état de quasi-somnolence et le campanilisme régnant contraignent à fédéraliser la réception du darwinisme en dépit des deux dénominateurs communs que sont, d'une part, une affiliation quasi générale au lamarckisme, par le biais de doctrines téléologiques, et d'autre part une polémique précoce et durable contre l'ascendance simienne) ;

— fonction des régimes (l'Allemagne post-bismarckienne s'offusque avec Virchow, mais Haeckel contre-attaque, des risques socialisants prétendus inscrits dans la théorie sélective) ;

— fonction des implants religieux (en France, le protestantisme s'avère plus œcuménique vis-à-vis du darwinisme que le catholicisme dont l'horizon plus métaphysique est aussi plus précaire, d'autant que se développe la querelle scolaire, en partie liée avec la laïcisation des sciences naturelles ; en Italie l'emprise vaticane est plus radicale encore, car les problèmes de la vie restent aux mains des Jésuites à travers la puissante revue *Civilta Cattolica*) ;

— fonction des économies (le libéralisme industriel britannique croira, sous l'impulsion de Spencer, pouvoir se légitimer *in aeternum* dans la concurrence vitale, mais en France et en Italie le darwinisme social aura peu de prise) ;

— fonction des problématiques scientifiques (la physiologie bernardienne qui décrit des constances assurées par le milieu intérieur fait obstacle à une théorie qui se fonde sur des ruptures d'équilibre et des sanctions de mortalité, cependant que la microbiologie pastorienne devrait, en droit, lui être plus accueillante — l'immunologie contemporaine en apporte confirmation en reportant sur la sélection d'une information génétique préexistante une réponse immunitaire préalablement comprise comme adaptation à une instruction du milieu ; mais si Metchnikoff valide une grossière représentation de lutte microbienne dans la phagocytose, le spiritualisme pastorien fait avorter l'intérêt de cette possible greffe darwinienne.

En Allemagne, le succès de l'embryologie induit la représentation d'un vivant en développement dans un dynamisme *interne* qui, devenu modèle de la phylogenèse, rend inutile l'étiologie darwinienne de la sélection — alors que la génétique mendélienne pourra, elle, l'intégrer — en même temps que l'idée d'une croissance ontogénétique orientée vers une spécialisation se coordonne avec une théorie lamarckienne à présent délivrée des critiques de Cuvier et de Lyell et qui, de ce fait, va, notamment en Grande-Bretagne et aux États-Unis à la fin du siècle, devenir le substitut du darwinisme. En l'occurrence le lamarckisme — et c'est une perspective nouvelle — vaut plus, au XIXe siècle (mais il en subsiste des séquelles de nos jours), pour rival et entrave au darwinisme que pour collaborateur en vertu de leur identique principe transformiste.

Le second niveau d'estimation du darwinisme dans l'ordre de son histoire est apparu sous la forme d'une investigation plus attentive et plus subtile des relations de Darwin à la pensée socio-économique de son temps. Le profil de Darwin qui s'en dégage en devient plus ambigu et polyvalent : au-delà des pures composantes scientifiques, il manifeste des emprunts ou des interprétations sociologiques intéressants. La constellation des recherches en la matière peut s'ordonner autour de deux pôles majeurs : celui des influences possibles d'A. Smith sur les concepts darwiniens, notamment sur le principe de la divergence des caractères, par quoi Darwin rend compte à la fois des embranchements taxinomiques par écarts, et de la distribution bio-géographique ; et celui des illusions marxistes consistant à percevoir dans le "*struggle for life*" la version naturaliste de la lutte des classes : un examen minutieux de la correspondance échangée et une analyse critique du *Capital* et de l'*Origine des espèces* font désormais justice de ces prétendues analogies ou affinités doctrinales, en démontrant une méprise radicale de Marx quant à la signification et à l'utilisation de la théorie darwinienne, où s'éclairent, en retour, certains points de la philosophie marxiste de l'histoire.

L'on peut ajouter à ceci la meilleure évaluation d'une comparaison possible entre Malthus et Darwin, celui-là ayant certes apporté à celui-ci la confirmation d'une pression de population que Darwin avait au demeurant déjà perçue directement sur le terrain, mais la théorie darwinienne allant au-delà d'une démographie, dans le sens d'une écologie où la sélection naturelle est créatrice, toutes problématiques étrangères à Malthus. En définitive, ce qui, de façon générale, est ici engagé, c'est le problème des rapports de la science et de l'idéologie : il ne saurait plus être question de les tenir pour étrangères l'une à l'autre, car l'esprit n'est pas vierge et fonctionne à partir des normes culturelles de son temps ou de son milieu ; mais on n'en devient pas pour autant légitimé à réduire la science à l'idéologie, inventant ainsi des précurseurs ou des disciples abusifs, ou nivelant la théorie à l'ordre d'un quelconque discours d'opinion, sur quoi tout non-spécialiste a droit d'estimation ; car c'est oublier d'une part que la recherche scientifique a une logique interne, et d'autre part un programme de vérité et de pertinence explicative, dont elle décide elle-même, irréductible à tout environnement socio-théologico-politique. Certains historiens du darwinisme (ou de la biologie) ont de nos jours tendance à cultiver la confusion : il est alors facile, mais illusoire et non point gratuit, de discréditer une théorie en la réduisant à ses implants idéologiques ou culturels sous-jacents.

Il faut donc apprendre à lire Darwin dans des conjonctions ou connexions multiples, en discriminant des statuts diversifiés, voire divergents à l'occasion : la *Descendance* opère des infléchissements conceptuels (la sélection y dérive d'un principe en une loi), s'inscrit dans des postulats prédarwiniens (*la* civilisation), vient *après* d'autres textes contemporains (Lubbock - Galton - Tylor) à telle enseigne qu'elle mérite d'être traitée comme une déviation de l'*Origine des espèces* plutôt que comme une suite logique de celle-ci qui, eût-elle été seule appliquée, eût donné de tout autres conclusions ethnologiques que la *Descendance*. En finir avec elle (c'est-à-dire la marquer dans ses postulats) n'induit donc pas pour autant la liquidation de la théorie de l'*Origine des espèces*. La complaisance de quelques stigmatisations n'a ainsi d'égale que l'insignifiance de leur scientificité.

La troisième nouveauté de la recherche historique contemporaine s'inscrit dans la mise en œuvre des *Carnets* sur la transmutation des espèces, de juillet 1837 à juillet 1839, et des *Carnets* "M" et "N" concernant particulièrement les opinions religieuses et la psychologie animale. La question du "matérialisme" ou de la "théologie naturelle" de Darwin est désormais près d'être réglée, et sous la prudence du bourgeois victorien, résident de Down, se révèle un Darwin homme de courage, publiant son œuvre *en dépit* des scandales, privés et publics, qu'il savait devoir engendrer. Les *Carnets* "M" et "N" mettent en place une psychologie des émotions, pour l'essentiel validée par les récents travaux d'Ekman sur l'universalité de l'expression musculaire affective faciale, de nature donc plus que de culture ; mais la psychologie animale, déjà suspecte au niveau de la *Descendance*, y reçoit confirmation de sa non-pertinence du fait de son anthropomorphisme idéologique, même si le traitement darwinien anti-mécaniste de l'animal a rendu possibles des recherches éthologiques modernes, hors d'une réflexologie réductrice de type watsonien et dans l'orientation d'une étude biologique du comportement et du territoire telle que l'a promue Tinbergen dans la deuxième moitié du XXe siècle.

Le *Carnet rouge*, quant à lui, confirme l'importance des premiers travaux géologiques — sur les éruptions volcaniques et les soulèvements sismiques — pour la théorisation darwinienne ultérieure, car, opérés à une échelle de grandeur (sur toute la côte américaine ouest depuis Lima) inconnue jusqu'alors, et notamment de Lyell, ils deviennent l'analogue heuristique du décentrement biogéographique révélé par les îles Galapagos et le continent proche : par là Darwin va échapper à l'idéologie de l'économie naturelle fixiste car circonscrite à de petites aires où les formes vivantes sont ajustées étroitement les unes aux autres, dans une adaptation décisive, c'est-à-dire définie, définitive et providentielle, à barrières infranchissables (ce que, précisément, dément l'endémisme des îles américaines peuplées de formes migrantes (oiseaux), simultanément affines et divergentes de leurs souches continentales). L'écologie évolutive des populations vient de naître et ne cessera de valoir et de s'affiner, fût-ce en rectifiant quelques affirmations de base, s'agissant par exemple de la nécessité d'un isolement géographique (allopatrique) que Darwin a eu tendance à minimiser au bénéfice du sympatrique (au niveau des niches sur un même territoire). Également formulée dès ce *Carnet*, la théorie des récifs coralliens sera confirmée par la stratigraphie contemporaine.

Le milieu, crible de la sélection

En matière donc de bilan scientifique, l'étiologie darwinienne de l'évolution appartient elle à une histoire périmée ? Son inertie théorique ou son inadéquation expérimentale ont-elles été rendues patentes ? À l'inverse, vaut-elle pour instrument de travail et d'explication ? A-t-elle reçu la caution d'une vérification de terrain ?

Rappelons d'abord les travaux de Kettlewell (1955) sur le mélanisme industriel en Grande-Bretagne, et ceux, plus récents, sur l'anémie à hématies falciformes (dont le gène est maintenu dans les populations africaines parce qu'il confère aux individus qui en sont dotés à l'état hétérozygote une résistance à la malaria) : on peut estimer qu'il y a là deux échantillons, dans des champs différenciés, de l'efficience sélective. Le cladisme d'autre part (dont Hennig institue les principes entre 1960 et 1966), pourrait s'avérer un lieu propice pour estimer "quasi logiquement" le traitement darwinien de la phylogenèse qu'il assignait comme programme à la classification : le débat est en cours et la polémique s'avère d'autant plus vive qu'un usage équivoque de cette nouvelle systématique a, dans les années 1979-1980, été opéré par le British Museum au sein d'une exposition restée mémorable.

La paléontologie contemporaine, quant à elle, ne parvient pas encore à régler le débat sur le gradualisme évolutif, requis comme principe scientifique et philosophique par Darwin ; la théorie de l'équilibre ponctué (Gould-Eldredge) n'a pas, pour l'heure, suffisamment assuré ses fondements ni vérifié l'extension de ses hypothèses, voire expurgé sa philosophie implicite (marxisante) pour faire l'unanimité dans la cité paléontologique, d'autant que la série humaine, à partir du phylum australopithèque à quoi 'Lucy' appartient, semble, quant à elle, incliner les préhistoriens à instituer un régime transitionnel entre *Homo habilis, Homo erectus* et *Homo sapiens*, accréditant ainsi le schéma darwinien de la *Descendance*, mais en en déplaçant le seuil. Science vivante et science ouverte, le darwinisme y participe en s'y confirmant.

Il reste toutefois un concept à estimer — et on le tiendra pour radical —, c'est celui de la sélection naturelle. Or, dans cet ordre, l'émergence, en 1968, du neutralisme de Kimura et de ses disciples semble compromettre son avenir, quant à la fréquence de sa production — les mutations étant, pour la plupart, sans utilité adaptative — et quant à la représentation de son action — la sélection étant vouée à éliminer les mutants délétères, et donc à valoir pour frein, dans un processus strictement conservateur. Cependant, la génétique sélectionniste des populations, usant des recherches de biologie moléculaire sur la régulation de l'activité des gènes de structure, récuse l'idée même de neutralité des alloenzymes (les travaux sur les groupes sanguins A, B, O pourraient aussi être invoqués en la circonstance) et elle argue des effets physiologiques cryptiques des enzymes dites neutres.

Cette réhabilitation opératoire du principe darwinien en découvre ainsi la rectification de niveau : son matériel est le gène — inconnu du darwinisme, qui ignore Mendel — mais sa cible est l'organisme et son fonctionnement physiologique ; car la sélection naturelle — à nouveau l'écologie darwinienne trouve son réinvestissement — s'exerce au plan de l'individu et des populations. On n'en a pas fini avec le darwinisme.

De surcroît, le schéma sélectif darwinien s'avère beaucoup moins simpliste que d'aucuns ont prétendu ou souhaité qu'il soit. Ainsi, il ne se réduit pas à une élimination des déviants — affirmation commode pour y greffer une accusation de tautologie : les plus aptes survivent, ceux qui survivent sont les plus aptes —, mais, rompant avec l'économie naturelle du XVIIIe siècle qui développe, elle, cette philosophie, la théorie darwinienne prescrit à la sélection une fonction de reproduction différentielle et de diversification écologique, qui, corrélativement, n'autorise que la maintenance des organismes convenant *hic et nunc* à un milieu qui sert de crible, et non point assurant la seule perpétuation des formes supérieures : en vertu de quoi, les "inférieurs" n'ayant pas disparu, on croit possible — l'argument date du XIXe siècle, mais trouve sa résurgence au XXe siècle sous des plumes notoires — de décréter l'erreur du darwinisme ; l'objection pouvait, sans doute, atteindre le darwinisme fishérien (*) du gène idéal, optimum, seul survivant, il ne saurait couvrir le champ de la théorie darwinienne originaire. Car celle-ci fait apparaître, bien que discrètement, diverses formes sélectives : sélection directionnelle, linéaire et progressive, par cumul des variations favorables ; sélection novatrice qui adapte l'organisme à des conditions changeantes : de là l'insistance darwinienne sur l'importance de la variation, support indispensable pour utiliser une niche écologique différente, dont l'exploitation permet la survie et la coexistence avec

(*) R.A. Fisher publie en 1930 "The genetical theory of natural selection" où il démontre pour la première fois la possibilité d'appliquer la génétique mendélienne à la théorie darwinienne de l'évolution.

d'autres formes qui ont, de ce fait, cessé d'être concurrentes. La génétique des populations en ajoutera certaines ignorées du darwinisme : en quoi elle le complètera, l'affinera, le mettra au niveau du savoir contemporain, elle ne l'infirmera pas. Toutefois le polymorphisme enzymatique (découvert en 1966 sur des populations de *drosophila pseudo-obscura*) a pu être estimé étranger à la représentation darwinienne de la sélection par son initiateur Lewontin : "Que la sélection naturelle puisse être tout à la fois le conservateur et le destructeur de la variation à l'intérieur d'une population, cela aurait été une surprise pour Darwin" (*The Genetic Basis of Evolutionary Genetics*, 1974, p. 194).

Il nous paraît toutefois que la définition, par celui-ci, d'un vivant comme variant et la nécessité d'une différenciation pour s'adapter reste compatible avec le polymorphisme, tout en jouant, dans la théorie darwinienne, non pas au niveau génotypique (encore une fois ignoré de lui) mais phénotypique.

"Les idées darwiniennes sont constitutives du savoir contemporain"

L'instruction darwinienne est, d'ailleurs, et reste, dans cet ordre, fondamentale, car elle rappelle qu'un vivant ne se réduit pas à un gène — la sociobiologie ne peut donc requérir sa paternité que par abus — et ne s'essentialise pas en un type ; la situation biologique s'exprime dans des corrélations mouvantes, contingentes, de vivants territorialisés et de populations ; à cet égard, la définition darwinienne de la survivance comme aptitude à laisser une descendance, et sa claire compréhension des phénomènes démographiques de croissance et de dominance des lignées populationnelles s'avèrent dans le droit fil théorique de l'actuelle génétique.

Des organismes tout à la fois individuels et pluriels, dont l'assurance biotique demeure soumise aux aléas des variations et des compatibilités momentanées avec d'autres vivants, dans un équilibre écologique toujours précaire, local et dramatique : ce relativisme exprime la théorie darwinienne de l'*Origine des espèces* et son acquis radical ; ses conséquences sur notre représentation du monde et notre philosophie apparaissent irréversibles : expurgeant toute finalité et toute archétypie biologique, au bénéfice d'un réseau complexe de fluctuations, d'un "jeu des possibles", le seul programme reste celui d'une combinaison de gènes sériés eux-mêmes dans et par l'histoire des adaptations vitales "bricolées". L'idée d'une valeur en soi, ontologique, légitime et immuable disparaît avec celle d'un "ordre" a priori, naturel ou autre.

Que ceci plaise ou non, peu importe ; que ceci soit conforme ou non à nos mythes et à nos irrationnalités, peu importe, dans l'ordre d'un savoir au demeurant toujours susceptible de crise et de rectification. Si la théorie darwinienne reste, en 1982, un corpus fécond, sanctionné, ce n'est donc pas au titre d'un dogmatisme clos. Son histoire a été et sera celle d'un réinvestissement, c'est-à-dire tout à la fois d'une reconnaissance et d'une reprise. Le retravail d'un concept, signe de ses possibilités théoriques, est aussi le gage de sa postérité. En l'occurrence, et dans l'état actuel de nos connaissances, les idées darwiniennes survivent. Mais qu'on y prenne garde : leur statut n'est ni celui d'un archaïsme préservé par une sorte d'induration culturelle, ni celui d'une fausse science ; actives heuristiquement, elles sont constitutives du savoir contemporain.

En finir avec Darwin ? Cela ne peut plus signifier désormais que vouloir qu'il en soit ainsi, faute d'accepter d'en finir avec ses propres illusions.

DARWIN et MENDEL
dans la biologie contemporaine (1)

Sans qu'on puisse voir là un paradoxe ou une provocation, la présente étude est destinée à justifier son titre : savoir pourquoi l'on dit ce qu'on dit se révèle souvent plus difficile et plus important que ce que l'on dit. En l'occurrence, notre formulation n'est nullement innocente. Et les deux questions préjudicielles qu'elle appelle pourraient bien engager, et le fond du problème, et le traitement de l'histoire de la biologie. Car celle-ci ne saurait se satisfaire d'un recensement chronologique et d'un bilan descriptif. Sans critères théoriques pour estimer la vérité d'un discours, sans repères conceptuels pour analyser les éléments de sa composition et les moments de sa formulation, l'historien se condamne à tout utiliser et à tout niveler. On nous pardonnera de comparer cette démarche à la transcription d'un électro-encéphalogramme à plat, utile pour détecter la mort définitive. Il va s'agir ici de tout autre chose : croyant que la succession ne constitue pas une histoire parce que le continu temporel n'implique pas nécessairement la continuité théorique, et ne l'explique d'ailleurs en aucun cas, nous voulons aujourd'hui proposer l'exemple d'une double originalité en biologie. En quoi se retrouvent les deux interrogations annoncées :

1) Pourquoi la conjonction de ces deux noms : Darwin-Mendel alors qu'historiquement, ou bien ils se sont ignorés, ou bien on les a opposés ? On sait en effet qu'entre janvier 1863 et mai 1865, Darwin travaillait à **La Variation des animaux et des plantes sous l'effet de la domestication,** c'est-à-dire au problème de l'origine des variations et à celui de leur transmission. Il envoie en mai 1865 à Thomas Huxley le manuscrit de la « pangenèse ». Or c'est en février de la même année que G. Mendel lit à la **Société d'histoire naturelle** de Brno (à l'époque Brünn) la conférence qui signe le commencement de la génétique : **Versuche über Pflanzenhybriden.** Elle sera publiée en 1866 dans la Revue de la dite Société (**Verhandlungen des Naturwissenschaftlichen Vereins in Brünn**) : le moine de Brno y instituait les lois de l'hérédité que Darwin s'épuisait à discerner. Quarante tirés à part furent expédiés ; nous connaissons quatre de leurs destinataires, parmi lesquels figurent notamment le botaniste Karl von Naegeli et le cytologiste Boveri. Mais rien dans les collections de la bibliothèque de Darwin ne laisse apparaître la trace quelconque d'un envoi. D'ailleurs aurait-il suffi d'une communication intellectuelle pour assurer la convergence théorique par la solution du traitement de l'hérédité ? La question mériterait d'être réfléchie, mais là n'est point notre propos. Toutefois, il faut noter que la redécouverte de l'œuvre mendélienne en 1900 par H. de Vries, C. Correns et E. Tschermak n'a pas induit une confirmation darwinienne. Au contraire, William Bateson, un des premiers et des plus notoires adeptes du mendélisme, écrit en 1902 :

(1) Conférence prononcée le 16 mars 1972 au cours des « Journées pédagogiques de Dijon », (16-17-18 mars 1972).

« La représentation d'une évolution procédant par transformations graduelles des individus sous l'effet cumulatif de changements imperceptibles est une de celles dont l'étude de la génétique démontre immédiatement la fausseté. Ce fardeau si gratuitement assumé dans l'ignorance de la physiologie génétique par les évolutionnistes du siècle dernier doit être définitivement rejeté dans l'oubli ». (« The facts of Heredity in the Light of Mendel's Discovery» , in **Fundamenta genetica**, 1965, p. 243).

Le texte renvoie aux moments héroïques de la querelle avec les biométriciens — dont Galton et Pearson — antimendéliens précisément par fidélité à la fluctuation minimale postulée par le darwinisme, et dont le nouveau savoir génétique faisait table rase en structurant la transformation comme mutation. La compatibilité du mendélisme et de l'hérédité par variation continue sera démontrée progressivement par une autre génération de généticiens : il suffit de nommer Sir Ronald Fischer dans la seconde décennie du XXe siècle. Ces articulations forcément schématiques permettent néanmoins de manifester une histoire de la biologie non-linéaire, puisqu'originairement l'on a pu estimer divergents, voire irréductibles, ou exclusifs le darwinisme et le mendélisme : empruntant aux concepts mendéliens, nous dirions volontiers qu'ils se définissaient comme deux lignées pures, vouées à ségrégation. Mais la génétique actuelle, et particulièrement celle des populations (1), intègre le concept darwinien de sélection, les règles mendéliennes de la transmission, et le schéma mendélo-darwinien d'un organisme représenté dorénavant moins comme une solidarité fonctionnelle que sous la forme d'une combinaison de particules au niveau desquelles se joue le comportement de l'individu et le sort de l'espèce (2).

---

(1) Le commencement de cette science peut être fixé en 1908 avec les travaux de génétique théorique de Hardy et Weinberg, poursuivis dans la troisième décennie du siècle notamment par Fisher (1930), Wright (1931) et Haldane (1932), qui construisent des formules mathématiques plus fines tenant compte par exemple de l'effectif des populations, de l'introduction ou de la perte de gènes dans une population par migration ou mutation, de la consanguinité... Parallèlement à cette génétique formelle, et en quasi simultanéité avec elle, s'élabore une génétique expérimentale, travaillant sur populations naturelles, particulièrement de la drosophile. Les principaux représentants en sont Timofeeff-Rossovsky (1940), Dobzhansky (1948 et 1964 : sur Drosophila pseudo-obscura) et Teissier (1947). La composition de concepts et de facteurs darwiniens avec le savoir génétique contemporain est flagrante dans la remarque d'E. Boesiger que nous rapportons à ce titre : « *La valeur sélective* est une composante dans laquelle l'information génétique particulière du gène, le résultat de son interaction avec l'ensemble du génôme de l'organisme, la *constitution du milieu, la densité de la population,* et sans doute d'autres facteurs interviennent » (*La Biologie, acquisitions récentes,* Aubier 1965, p. 157).

(2) Ainsi l'avantage des mâles hétérozygotes dans la sélection sexuelle constitue un mécanisme d'homéostasie génétique. De même les populations hétérogènes, c'est-à-dire génétiquement et donc biochimiquement diversifiées, sont plus résistantes aux infections parasitaires. L'*hétérosis* avait d'ailleurs été signalée empiriquement par Darwin au niveau des expériences d'hybridation végétale : palliant les risques d'affaiblissement d'une autofécondation prolongée, un croisement occasionnel accroît la vigueur et la fécondité (*De la variation des animaux et des plantes sous l'action de la domestication,* 1868 — *De la fécondation des orchidées par les insectes,* 1862).

Par là se formule la seconde question :

2) Que signifie l'expression « dans la biologie contemporaine » ? Au niveau le plus immédiat, il s'agit de déterminer l'usage et l'influence de Darwin et Mendel dans l'ordre du savoir actuel. Encore faudrait-il bien entendre cette notion d'influence et pouvoir assurer qu'elle est, en histoire de la biologie, féconde car rigoureuse. Mais aussi, à quoi reconnaît-on qu'une science est contemporaine ? La question risquerait de paraître rhétorique si l'on identifiait le savoir et les savants ; mais si la science se définit comme un discours à ambition de vérité, alors il y a des langages antérieurs qui deviennent contemporains, parce qu'à partir d'eux se construit une autre démarche, se formulent d'autres propositions qui obligent, ou ont obligé, ou vont obliger à changer de champ conceptuel. En l'occurrence, à partir de Darwin et de Mendel commence la biologie contemporaine. C'est dire que, même si des révisions théoriques sont ultérieurement nécessaires — ainsi par exemple la compréhension de la sélection ou les faits de linkage pour Mendel — ces rectifications s'élaboreront dans leur tradition, nous devrions dire dans leur fondation. Mais c'est dire aussi qu'il ne suffisait pas de paraître pour être entendu ; et quand on l'a été, comment l'a-t-on été ? Les premiers mendéliens ont exprimé leur sensibilité à Mendel sous des formes « égocentriques » : soit comme répétition des résultats d'hybridation, tel H. de Vries cherchant à confirmer la « pangenèse intracellulaire » (l'ouvrage avait paru en 1889) soit en liaison avec la problématique de l'évolution : ainsi de W. Bateson. Quant aux darwiniens, il n'en existe pas un seul en France avant 1900, à condition évidemment de ne pas confondre transformisme et darwinisme. Car point ne suffit de se déclarer darwinien pour l'être authentiquement, et la méprise d'un botaniste comme G. de Saporta prend ici valeur exemplaire : proclamant dans **L'évolution du règne végétal** (1881-1885) son adhésion théorique, il emprunte à l'embryologie la spécification de l'étiologie transformiste, en même temps qu'il en découvre l'idéologie immanente par l'affirmation d'une mythologie vitaliste, où l'évolution s'identifie à la force féconde qui se développe insensiblement en une marche de progrès ; par là même se justifie la paradoxale mais signifiante exclusion du concept de sélection dans la présentation d'un darwinisme dont il se prétend le continuateur. Notre seconde interrogation va dorénavant se subdiviser : pourquoi et en quoi le darwinisme et le mendélisme peuvent-ils être déclarés contemporains ? Ainsi s'articule le propos : que sont darwinisme et mendélisme ? Les témoignages de leur ignorance pourraient alors devenir les signes non équivoques de la mutation accomplie à partir d'eux, mais nous nous limiterons à quelques remarques occasionnelles. Il faudra enfin indiquer sommairement les composantes et les lieux de leur reconnaissance actuelle.

Entre 1859, date de **L'origine des espèces**, et 1865 ont donc paru, en totale indépendance, deux textes dont le premier inscrivait le transformisme dans une radicalité sans précédent par une étiologie originale, et dont le second, avec le principe de la ségrégation des caractères, donnait, sans le vouloir, sans le savoir et sans qu'on le sache, le moyen de pallier l'hérédité-fusion, c'est-à-dire le mythe de tout le XIX° siècle en matière de génération.

Car, avec les recherches de Mendel, ce qui est rendu possible, c'est — et nous transposons l'intitulé du livre de F. Jacob — une « logique de l'hérédité ». Autrement dit, le mendélisme est une théorie de l'hérédité, en même temps que la première théorie de l'hérédité. Il n'y a dans cette caractérisation ni jeu ni truisme. Aussi bien en 1919, le biologiste Y. Delage déclarait-il :

> « L'idée mendélienne est intéressante, elle explique certains faits exceptionnels appartenant au domaine étroit de la transmission des caractères dans les fécondations hybrides. Mais elle n'est à aucun titre une théorie générale de l'hérédité... Nous voyons avec inquiétude la masse des jeunes chercheurs se livrer à l'œuvre stérile d'expliquer de nouvelles exceptions par de nouvelles hypothèses. Il y a un meilleur emploi à faire des énergies productives des biologistes ». (Y. Delage ; M. Goldsmith : « Le mendélisme et le mécanisme cytologique de l'hérédité », **Revue scientifique**, 8 mars 1919, p. 135).

A fortiori à la fin du XIXe siècle, les lois mendéliennes n'ont-elles pas été perçues et n'ont-elles pu l'être sous leur statut propre. L'hérédité existait certes comme problème, dans le champ d'une pratique à assurer ; ainsi en France des zootechniciens tels Sanson, les Vilmorin ou Coutagne à Lyon simultanément postulaient la fixation de l'acquis, exploraient des fréquences de transmission, et s'ingéniaient à des méthodes de sélection pour obtenir l'amélioration d'un bétail que rendaient nécessaire une explosion démographique et des incidences économico-politiques touchant les marchés. Ainsi encore la médecine — et particulièrement la psychiatrie depuis Morel en 1859 et la neuro-pathologie avec Charcot et Féré — incluait l'hérédité comme facteur d'aliénation, et corrélativement s'efforçait d'en pallier les inévitables effets par un début d'eugénique, ou en prêtant à la sélection darwinienne la vertu d'instaurer une « police sanitaire » en éliminant les tarés. Même la physiologie expérimentale achoppait, quant à ses certitudes rationnelles et à son efficacité thérapeutique, à l'inscription héréditaire du patrimoine : « il n'y a point de morphologie sans prédécesseurs », écrit Cl. Bernard en 1878 dans les **Leçons sur les phénomènes de la vie communs aux animaux et aux végétaux**. C'est d'ailleurs une de ses raisons pour récuser le darwinisme :

> « Le darwinisme, en admettant que les mécanismes vitaux peuvent avoir une évolution qui les fasse tous procéder les uns des autres, n'explique rien et ne dit rien relativement à cette force première qui reste tout aussi incompréhensible pour nous ». (Cl. Bernard, **Leçons de physiologie opératoire, 1879, p. 14**).

Car précisément, pour penser ce problème, une problématique adéquate manquait ; et pour cette raison les biologistes recouraient communément aux disciplines connexes, susceptibles — croyait-on — de fournir des références ou des modèles d'intelligibilité. Darwin, par la pangenèse, logeait substrat et mécanisme de l'hérédité au niveau cellulaire, seule structure disponible ; également les phénomènes de développement embryologique, dont la science s'imposait souverainement depuis les travaux de von Baer en 1828, ces phénomènes étaient requis pour expliquer par exemple les faits d'atavisme ou de « prédominance ». Et cependant Mendel existait, mais le mendélisme n'était pas né. Car nous comprenons maintenant que cette absence théorique ne saurait être estimée contingente. Il y a là au contraire une authentique condition d'impossibilité : ne se posant pas les mêmes questions que Mendel, ses contemporains se condamnaient à ne pas percevoir la réponse. En toute rigueur, ces propositions déjà là n'avaient même pas acquis statut de réponse : non encore constituées comme telle faute du nécessaire rapport à l'interrogation adéquate, à la lettre, elles n'existaient pas. Et si aujourd'hui nous décrétons — et sommes légitimés à le faire — texte théorique fondateur le discours où elles s'intégraient en 1865, ce ne peut être que par une récurrence dont il faut veiller à ce qu'elle n'annule pas le parcours historique réel dans une logique a posteriori. Ainsi les réticences de Naegeli — les travaux sur les pois n'ont pas validité universelle, le Hieracium notamment va échapper aux règles mendéliennes (1), la ségrégation n'est jamais totale et les pourcentages restent empiriques — ces réticences recouvrent en fait une méconnaissance inéluctable dans la mesure où le botaniste allemand n'avait pas cessé de traiter de l'hérédité dans le champ de l'hybridité, c'est-à-dire en définitive de la question de l'espèce : sa **Mechanischphysiologische Theorie der Abstammungslehre** (1884) témoigne d'ailleurs de son intérêt évolutionniste constant. Or ce que Mendel abolit, (ou plus exactement ce à quoi il se substitue), c'est justement ce domaine de l'hybridologie classique. Avant de spécifier ce commencement mendélien, nous nous plaisons à reconnaître les emprunts que nous nous disposons à faire à la conférence prononcée le 6 mars 1965 au Palais de la Découverte par M. Jacques Piquemal sous le titre **Aspects de la pensée de Mendel.** Une rapide comparaison avec les travaux contemporains du botaniste français Ch. Naudin va permettre de manifester l'originalité de Mendel en interdisant de postuler qu'il ait pu avoir des précurseurs. En 1860, l'Académie des Sciences met au concours quatre questions sur les hybrides, portant respectivement sur leur taux de fécondité, les causes de fécondité et de stérilité, et les faits de retour. Naudin obtient le prix, et le résultat de ses expériences sera publié en 1861 sous le titre **Nouvelles recherches sur l'hybridité dans les végétaux.** Sans entrer dans les détails, disons rapidement ce que « constate » Naudin : à la première génération (F 1), les formes obtenues sont homogènes entre elles et offrent des traits mixtes par rapport à leurs souches ; mais en F 2 apparaît une « dissolution des formes hybrides », c'est-à-dire que les descendants d'une part ont perdu leur uniformité, et tendent d'autre part à retourner à l'une ou l'autre forme parentale. Cette spécification du phénomène comme « dissolution » mérite d'ailleurs un bref commentaire : emprunté au savoir chimique, le concept s'ordonne rigoureusement à l'idée d'une hérédité-mixtion, et indique — en même temps qu'il la rappelle — l'absence d'une problématique appropriée pour penser cette dernière. Aussi bien suffit-il d'entendre Naudin lui-même :

> « Une plante hybride est un individu où se trouvent réunies deux essences différentes,... qui se contrarient mutuellement et sont sans cesse en lutte pour se dégager l'une de l'autre. Il est contraire à la marche de la nature de supposer que les espèces puissent se changer les unes dans les autres, ou que deux espèces puissent se fondre en une seule par l'hybridation » (**op. cit.**, p. 150 et 174).

Apparemment, les conclusions de Mendel seront comparables puis-

(1) *Die Hieracien Mittel-Europas* ont paru en 1885. Nous savons à présent que le polymorphisme du Hieracium reste un cas particulier d'apomixie. En biologie, le matériau d'expérimentation ne saurait être indifférent ; et l'historien de la biologie peut espérer déceler des raisons de divergences ou de correspondances théoriques à partir de l'objet de base d'un secteur de recherche.

qu'en F 1, tous les phénotypes sont intermédiaires, et en F 2, les « caractères » se séparent en obéissant à la proportion 1 + 1 + 2

(AA + aa + 2 Aa — en dehors évidemment de toute dominance).

Or prétendre, du fait de ces analogies conclusives, à une similitude théorique reviendrait à ignorer les différences essentielles, à savoir la radicale irréductibilité de deux problématiques. Lorsque Naudin s'intéresse à des « essences spécifiques », c'est-à-dire au type global d'un être organisé, en foi de quoi la « bigarrure des formes » en F 2 témoigne du fixisme des espèces, Mendel quant à lui parle de « caractères », c'est-à-dire de particularités phénotypiques, et il s'attache précisément à ce moment de la « bigarrure » : c'est celui-ci qui devient topique pour les lois de l'hybridation. En effet, contrairement à Naudin, pour Mendel, la « mosaïque » des formes ne se réduit pas à un kaléidoscope fantaisiste traduisant un « affolement » momentané de l'espèce — tout ceci disparaît du langage mendélien ; mais elle obéit, cette « mosaïque », à des répartitions mathématiques rigoureuses, qu'une combinatoire seule est désormais susceptible d'intégrer. Et c'est à ce point même que l'originalité mendélienne existe, à ce point que vient de se renouveler le discours sur l'hérédité, c'est-à-dire que ce changement de langage annule la possibilité théorique de tout autre type d'intelligibilité. Les « lois de l'hérédité » cessent de se réduire à des fréquences empiriques, une règle de construction de la transmission est désormais concevable. Ecoutons R. Fisher :

> « Il apparaît que Mendel considérait les taux numériques de fréquence, par où les lois de l'hérédité s'exprimaient, simplement comme une méthode commode pour démontrer la vérité de son système factoriel (1), et qu'il ne s'est jamais beaucoup senti tenu de démontrer leur exactitude ou leur cohérence. Il se peut que les calculs de graines de 1858 aient été pour lui une révélation de la rigueur avec laquelle le système fonctionnait et pouvait être démontré ; ils ont pu aussi lui donner une impression excessive de la précision avec laquelle les taux théoriques devaient être vérifiés, mais dès cet instant, il est clair... qu'il connaît sûrement ce à quoi s'attendre... Que la contribution héréditaire des deux parents puisse être inégale, il ne le considéra jamais sérieusement, bien que ses premières expériences lui aient donné une preuve splendide touchant cette importante question, mais qu'il ne lui vint pas à l'esprit de présenter. Il semble aussi qu'il n'ait pas songé que l'hérédité des différents facteurs ait pu ne pas être totalement indépendante... Une propriété comme le linkage aurait été une complication extérieure à sa théorie, ainsi conçue, et il l'aurait prise au sérieux seulement au cas où les observations l'auraient placée de force sous son regard.
>
> Les conséquences théoriques de son système ont été dans leur totalité réfléchies par lui, et, sur ce point, sa pensée est considérablement en avance sur celle de la première génération des généticiens qui suivirent la redécouverte ». (« Has Mendel's work been rediscovered ? », in **Annals of Science**, vol. I, n° 2, 15 avril 1926, p. 133-134).

(1) Aux « caractères » extérieurs correspondent des particules qui deviendront plus tard éléments matériels dénommés « facteurs » par Bateson et « gènes » par Johannsen.

Donc méthode, traitement mathématique, représentation symbolique, à ces trois niveaux s'exprime la transformation du support théorique et du champ conceptuel. Aussi bien n'ajouterons-nous qu'un mot pour marquer la dissociation d'avec un passé : s'agissant du premier matériau privilégié, le petit pois, les seules conditions d'expérimentation exigées par Mendel sont que les plants puissent se croiser facilement et posséder une suffisante fécondité. Or semblables requisits impliquent que soit consommée la répudiation de l'hybridologie traditionnelle : tandis que celle-ci postulait la quasi impossibilité des unions ou leur imminente stérilité, le mendélisme traite le postulat comme une banalité. L'hybridation, à ce moment, a changé de statut : elle a cessé d'être un signe, dans un projet anti-évolutionniste — ou à l'inverse transformiste : ainsi en va-t-il en 1859 dans les fameux mémoires de P. Broca sur les degrés d'hybridité, mais là n'est plus la question — elle a donc cessé d'être un signe pour devenir l'instrument propre à opérer l'analyse des caractères ; c'est dorénavant un discriminateur et c'est aussi pourquoi elle pourra ultérieurement, en délivrant la question de l'espèce des chausse-trapes de l'hybridité, contribuer à servir et assurer le transformisme darwinien. Et ainsi paradoxalement, l'abandon du champ théorique de l'évolution deviendra le moyen qu'il aura fallu emprunter et le détour par quoi il aura fallu passer pour conférer au transformisme son efficacité. Mais le paradoxe n'embarrasse que l'historien ayant précipitamment et indûment conjoint continuité théorique et filiation conceptuelle.

Quant à cette première mathématisation dont nous savons maintenant qu'elle a été la condition de possibilité d'une science de l'hérédité, elle explique peut-être l'incapacité à le comprendre dont les contemporains de Mendel ont témoigné. Car ni Naegeli, ni Hoffmann, ni Kerner von Marilaun ne comprenaient la nécessité ni même la légitimité du traitement mathématique en biologie (1). Par contre, à Vienne, Mendel a reçu une authentique formation mathématique de Ch. Doppler et Andras von Ettingshausen. Dans ces conditions, il n'est pas surprenant que la réhabilitation mendélienne se soit inscrite dans l'histoire en quasi-simultanéité avec les travaux des cytologistes sur le noyau cellulaire et la gamétogenèse — notamment ceux de Wilson et Cannon en 1902 (2) — et les distinctions weismanniennes du soma et du germen. A cet égard, le biologiste russe J. Krizenecky (**Fundamenta genetica**, Prague 1965) croit même pouvoir traiter Mendel en précurseur de la théorie chromosomique ; nous laissons à l'auteur la responsabilité de ses propos. Mais il importe de rappeler que la génétique mendélienne trouvera sa confirmation dans la cytologie. En quoi le mendélisme s'est affirmé une « théorie ouverte » (Piquemal) puisque capable d'assimiler des concepts qui ne lui étaient finalement ni propres ni nécessaires. Son formalisme original,assorti de quelques propositions sur la structure particulaire de l'hérédité, se complète donc rigoureusement du substrat morphologique de l'hérédité, et, actuellement, de la représentation biochimique de cette hérédité.

En résumé donc, le mendélisme emprunte ses conditions de possi-

(1) 1880 : *Goethe und Darwin* K. von Marilaun : botaniste allemand (1831-1898) ; on a retrouvé non coupé son exemplaire de la communication de Mendel. Hoffmann était, quant à lui, professeur de botanique à Giessen.

(2) W. A. Cannon, *A Cytological Basis for the Mendelian Laws ;* E. B. Wilson, « Mendel's Principles of Heredity and the Maturation of the Germinal Cells », *Science*, décembre 1902.

bilité à son indifférence pour les problèmes transformistes ; il doit son originalité au traitement mathématique des phénomènes, ce qui suppose l'utilisation d'un certain ordre de grandeur, en l'occurrence l'expérimentation à l'échelle des populations ; il découvre ses possibilités d'intégration dans une fécondité ultérieure ,celle que lui fournit la cytologie. Il est donc bien vrai qu'avec lui apparaît un nouveau champ exploratoire et explicatif.

Mais encore — et ici nous allons trouver le darwinisme — le principe de la ségrégation des caractères organise la nouvelle logique de l'hérédité autour de deux schèmes fondamentaux : une représentation particulaire (ou discrète, au sens mathématique) de l'organisation, corrélat de l'affirmation d'une combinaison aléatoire de ces caractères. F. Jacob le dit mieux que nous ne saurions le faire :

> « Ce que transmet l'hérédité, ce n'est ni une représentation globale de l'individu, ni une série d'émissaires venus de tous les points du corps des parents pour se réagencer chez l'enfant comme les pierres d'une mosaïque. C'est une collection d'unités discrètes qui régissent chacune un caractère... Comme tout organisme reçoit de chaque parent un jeu complet d'unités, celles-ci se réassortissent au hasard au cours des générations ». (**La logique du vivant**, p. 227).

Si à cette architectonique de l'organisme, on adjoint, dans l'ordre de sa dynamique, l'idée d'une variation par mutation, promue par H. de Vries au début du XXe siècle (1), et que, de surcroît, l'on fasse fonctionner la disjonction des caractères comme palliatif, ou plutôt comme substitut d'une hérédité-mixtion — ce qui expurge du darwinisme l'obstacle et l'objection d'un mélange uniformisateur — on aura par là mis en place et les conditions de possibilité d'une résurgence de ce même darwinisme au XXe siècle, et les éléments d'une communauté théorique. Autrement dit, c'est au XXe siècle que darwinisme et mendélisme sont contemporains pleinement ; et ce n'est donc pas un hasard si en France par exemple, l'introduction du premier ne devient possible, authentique et efficace qu'après le commencement de la génétique. La seconde moitié du XIXe siècle n'a eu en effet à proposer, pour estimer la théorie darwinienne, que des disciplines de référence inadéquates, ou des modèles d'intelligibilité incompatibles : qu'il s'agisse de la physiologie bernardienne de la régulation ou de la règle néo-lamarckienne de l'adaptation dont usent des botanistes tels Costantin ou Bonnier, du principe anatomo-mécaniste des corrélations ou de la thématique embryologique du développement par différenciation à l'œuvre dans la paléontologie d'un Gaudry, de l'idéologie spencérienne du progrès, de l'axiologie de l'association ou de la solidarité que la norme de la division du travail a élevée au niveau d'une métaphysique comme dans la zoologie d'E. Perrier, ces savoirs et ces philosophies manquaient un darwinisme qui répudiait quant à lui toute régulation a

---

(1) A partir des travaux sur *Oenothera lamarckiana*. Mais ici encore l'engendrement théorique n'est nullement linéaire puisque le mutationnisme originaire fut conçu et présenté comme une alternative à la fois au darwinisme et au mendélisme — la mutation de par son amplitude étant censée produire ipso facto une espèce nouvelle. Les recherches de Th. Morgan rectifièrent cette représentation et permirent l'intégration du mutationnisme dans le néo-darwinisme.

priori, et qui fondait l'ordre biologique relatif, multipe et précaire sur l'élimination et les déplacements des vivants et des espèces.

Il est temps alors de dire en quoi le darwinisme constitue lui aussi un nouveau champ conceptuel. Le poser comme théorie de la descendance, c'est à coup sûr mal formuler le problème. Quiconque le structurerait ainsi se condamnerait à le subtiliser : nous entendons par là à le réduire sinon à une banalité — ce qui supposerait l'adhésion unanime au principe de l'évolution: et c'est loin d'être le cas au XIXe siècle — du moins à une opinion non originale puisqu'aussi bien, dans un champ circonscrit de la sorte, Lamarck reste prioritaire. D'autre part, affirmer la dérivation génétique des formes spécifiques reste inutile tant qu'on n'a pas les moyens de la prouver ; et en ce domaine, l'élucidation des mécanismes ou des processus peut seule apporter la garantie du propos. C'est pourquoi par exemple, la paléontologie que l'on pourrait croire démonstrative du transformisme s'est trop souvent stérilisée dans des descriptions morphologiques et des constats de succession au détriment d'une étiologie évolutive qui doit — sinon peut — fournir les moyens de son propre contrôle. G.G. Simpson exprime d'ailleurs avec humour cette situation :

> « Récemment encore les paléontologistes jugeaient qu'un généticien était un individu qui s'enfermait dans une pièce, tirait les rideaux, observait des petites mouches s'ébattant dans les flacons et croyait étudier la nature. Une recherche si éloignée des réalités de la vie n'avait, disaient-il, aucun sens pour un vrai biologiste. Les généticiens, de leur côté, disaient que la paléontologie n'avait plus de contribution nouvelle à apporter à la biologie ; son seul intérêt avait été d'achever la démonstration de la vérité de l'évolution, mais son objet était trop purement descriptif pour mériter le nom de science. Le paléontologiste, croyaient-ils, ressemblait à un homme qui entreprendrait d'étudier le principe des moteurs à combustion interne en se tenant au coin d'une rue pour observer le passage des automobiles » (**Rythme et modalités de l'évolution**, Introduction, p. 14).

On ne saurait donc s'étonner que le darwinisme n'ait pas trouvé dans la paléontologie du XIXe siècle les critères de sa confirmation : A. Gaudry en France, O. Marsh aux Etats-Unis, pour ne rien dire de Haeckel qui n'est d'ailleurs pas de stricte obédience paléontologique, s'essayent surtout à construire des arbres généalogiques ou à retracer des cheminements — Gaudry pour sa part parle d'« enchaînements », mais le terme n'implique que la continuité ordonnée et harmonieuse des organismes. Il faudra alors attendre la « théorie synthétique de l'évolution » avec Simpson, Julian Huxley ou, en France, Teissier, pour que la paléontologie cesse d'être indifférente au darwinisme, et requière, même à l'échelle géologique d'une macro-évolution, le mécanisme d'une sélection assurant aléatoirement et provisoirement la valeur biologique des mutations géniques. En ceci, l'intérêt à la théorie darwinienne, qui se confond ici avec une introduction puisqu'on reconnaît la valeur opératoire du concept de base, cet intérêt se double également d'une confirmation de la dite théorie : le processus de divergence par cumulation d'écart entre les variétés était en effet, dans le darwinisme, extrapolé au-delà de la spéciation, aux catégories taxinomiques du genre, famille... et embranchement. Or la théorie synthétique de l'évolution s'essaye à légitimer l'unicité des processus modificateurs : en arguant de la longueur des temps géologiques qui assure un nombre suffisant de mutations eu égard à leur taux possible par générations (10^{-5} ou 10^{-6}), en justifiant les discontinuités mineures de certaines formes organiques (comme par exemple les ammonites) par des remaniements stratigraphiques, des migrations ou les conditions de fossilisation, en expliquant les grandes coupures systématiques par l'inégalité des rythmes d'évolution, en décrivant enfin des radiations adaptatives, la paléontologie contemporaine à la fois reprend à son compte quelques affirmations darwiniennes (1), et par une série d'indices probants empruntés à des savoirs ultérieurs, transforme en possibilité théorique ce qui dans le darwinisme était resté à l'état de postulat nécessaire. Définir donc le darwinisme comme doctrine de la descendance, c'est le manquer pour ne pas l'avoir spécifié. Disons alors qu'il est une étiologie de l'évolution, à partir d'une problématique de l'adaptation, par la norme conceptuelle de la sélection (qui engage un contexte écologique) et le présupposé de la variation-fluctuation.

Problématique de l'adaptation : tel est le premier lieu d'une signature d'originalité par une double rupture avec l'économie naturelle et avec le lamarckisme. Dans ce dernier système, l'adaptation existe à la fois comme fait et comme certitude : comme fait parce que l'organisme de par le jeu physico-chimique de ses fluides trouve la réponse appropriée aux changements du milieu qu'il a perçus par l'intermédiaire de besoins perturbés ; comme certitude puisque « le plan de la nature », se développant dans le sens d'un accroissement de complexification, garantit finalement sa propre réalisation en dépit de circonstances traversières qui contribuent à l'infléchir. Or Darwin perçoit ces adaptations comme des situations à expliquer ; c'est-à-dire que chez lui, et à partir de lui, s'élabore une problématique de l'adaptation à quoi se subordonne la vérité de la conviction évolutionniste :

> « On comprend facilement qu'un naturaliste qui aborde l'étude de l'origine des espèces et qui observe les affinités mutuelles des êtres organisés, leurs rapports embryologiques, leur distribution géographique, leur succession géologique, en arrive à la conclusion que les espèces n'ont pas été créées indépendamment les unes des autres, mais que, comme les variétés, elles descendent d'autres espèces. Toutefois en admettant même que cette conclusion soit bien établie, elle serait peu satisfaisante jusqu'à ce qu'on ait pu prouver comment les innombrables espèces, habitant la terre, se sont modifiées de façon à acquérir cette perfection de forme et de coadaptation qui excite à si juste titre notre admiration » (Origine des Espèces, p. 3).

Si Lamarck a fondé ces « coadaptations » en un processus d'usage et de non usage, dont on n'ose affirmer qu'il soit de l'ordre d'un mécanisme dans la mesure où une certaine sagesse de la nature en prédétermine la réussite, l'économie naturelle quant à elle, résolument fixiste, les institue comme signes d'un ordre a priori. Empruntée pour l'essentiel à la tradi-

---

(1) Par exemple le jeu conjugué des migrations et conditions de fossilisation ; mais surtout l'idée d'une diversification adaptative par occupation de niches écologiques disponibles ou que l'élimination des non-variants a rendues vacantes (*Origine des Espèces*, chap. IV, p. 117-123).

tion linnéenne (1), cette idéologie caractérise le XVIIIe siècle, mais se survit au XIXe siècle dans des transpositions multiples (notamment dans l'idéologie libérale d'un équilibre de la libre concurrence réalisant le meilleur régime politique possible, l'individualisme anti-étatique) : elle se définit comme l'administration d'un **cosmos** dont toutes les parties, liées entre elles par des rapports nécessaires et immuables, concordent à exprimer une harmonie universelle.

> « Il est facile de voir que la terre et ses annexes ont été disposées pour permettre l'évolution de la vie. L'harmonie qui existe entre les êtres organisés et le milieu où ils vivent est parfaite. Qu'elle s'interrompe en un seul point et ils devront disparaître... Tout cela existe, et les vues providentielles peuvent facilement en être déduites. Si ces conditions eussent été différentes, il y aurait une autre nature organique » (A. L. Fée, **Le darwinisme**, 1864, p. 29. Fée était professeur d'histoire naturelle médicale à la Faculté de Médecine de Strasbourg) (2).

Cette métaphysique peut se qualifier de naturaliste au sens où elle se réclame de trois ordres de faits : géographiques d'abord, tels l'appropriation du vivant à un climat et à un territoire — le darwinisme usant des migrations et de la possibilité d'une acclimatation s'inscrira en faux contre une telle proposition — ; faits physiologiques ensuite comme l'ajustement de la fonction et de l'organe, postulée à partir d'un système de corrélations strictes entre les parties d'un organisme conçues comme des **instruments** (au sens originaire du mot **organe**), système dû pour l'essentiel à la tradition cuviériste des **Leçons d'anatomie comparée** ; éléments éthologiques enfin tels l'adéquation entre la structure du vivant et son régime nutritif — là encore le darwinisme change de champ dans la mesure où, si le fondement de la guerre entre vivants reste spécifié comme recherche de nourriture, il s'agit moins d'une diététique (ce qu'exprime la notion de régime) que d'une conquête de l'aliment. Or l'idée de cette diététique, l'entomologie française du XIXe siècle l'inscrit simultanément, dans l'ordre de son savoir, à titre de constat de base et de norme idéologique : il suffit alors de rappeler l'opposition irréductible au darwinisme de deux de ses représentants les plus notoires, Fabre et Blanchard.

En quoi donc la théorie darwinienne consomme-t-elle la rupture systématique avec l'économie naturelle ? Certes le finalisme, la gestion providentielle qui font du spectacle de la nature un objet d'admiration (3), le darwinisme les rend inutiles de par le mécanisme même de l'évolution, la « sélection ». Toutefois la radicalité de la pensée darwinienne qui s'institue au niveau de ce concept exige qu'on examine de plus près comment il fait éclater l'ordre naturel. Rappelons d'abord la définition non équivoque de la sélection chez Darwin :

---

(1) « Par économie de la nature, on entend la très sage disposition des êtres naturels, institués par le Souverain Créateur, selon laquelle ceux-ci tendent à des fins communes et ont des fonctions réciproques ». I. J. BIBERG, *L'économie de la nature* (thèse soumise à C. Linné le 4 mars 1749 à Upsala) in LINNÉ, *L'équilibre de la nature*, Vrin 1972, p. 57-58.

(2) « On ne peut pas se représenter raisonnablement un état de choses où il y aurait des mouches sans hirondelles, et réciproquement » (G. CUVIER, *Leçons d'anatomie comparée*, 2e éd. p. 102).

(3) « Toutes les choses contenues dans l'enceinte de cet univers célèbrent à haute voix la sagesse infinie du Créateur ». (I. BIBERG, *op. cit.*, p. 58).

« J'ai donné le nom de sélection naturelle à cette conservation des différences et des variations individuelles favorables, et à cette élimination des variations nuisibles » (**Origine des Espèces**, p. 86).

Sachant encore que cet avantage ou cette utilité se définissent par rapport à et dans le cadre même de la lutte pour l'existence, il y aurait facilité à répondre à la question ci-dessus en renvoyant à ce fait de combat pour la vie que Darwin emprunte à Malthus — il en fait l'aveu dès 1837 — du moins quant à la représentation d'une pression de population. (A titre de parenthèse, soulignons ici la commune existence, dans les démarches malthusienne, darwinienne et mendélienne, de ce concept statistique de population ; mais là où Mendel en use méthodologiquement, Darwin lui confère fonction théorique). Ainsi dénominateur commun à l'**Essai sur le principe de population** (1798) et à l'**Origine des Espèces**, la concurrence définit simultanément la nature de l'écologie darwinienne, éminemment, voire exclusivement biotique (les rapports fondamentaux de la vie sont les rapports entre des vivants), et le déterminant évolutif dans la mesure où elle provoque et explique l'éviction de tous les êtres insuffisamment pourvus eu égard aux conditions d'existence qui sont les leurs. Mais à s'en tenir à un fait relevé en commun par deux auteurs, on se condamnerait à ne comprendre ni la récusation de l'économie naturelle, ni l'originalité darwinienne. Car, dans la thématique de l'ordre naturel, la guerre est présente, voire omniprésente : elle accomplit une mission de purgation contre tout excès qui, par la prolifération des individus, risquerait de compromettre l'équilibre démographique et ontologique ; mais précisément parce qu'il comporte ce coefficient métaphysique, il est inconcevable que l'ordre soit menacé.

> « C'est pourquoi, afin que les Choses Naturelles subsistent dans une série ininterrompue, la sagesse de l'Esprit Souverain a ordonné que tous les vivants travaillassent sans cesse à produire de nouveaux individus, que tous les Etres naturels tour à tour se tendissent une main secourable pour la conservation de n'importe quelle espèce, et que, enfin, la mort et la destruction de l'un servissent toujours au rétablissement de l'autre » (I. Biberg, **op. cit.**, p. 58).

La concurrence en compensant et proportionnant, règle le cosmos : elle est devenue **police naturelle** :

> « Il y a toujours eu la proportion d'animaux inférieurs et supérieurs nécessaire à l'équilibre général de la nature » (A. d'Archiac, **Cours de paléontologie stratigraphique**, p. 96).

Or l'usage que Darwin fait de cette lutte apparaît radicalement étranger à toute normativité sous-jacente. Certes un équilibre règne dans la nature, car les vivants y sont solidaires, mais leurs inter-relations ne répondent plus à une nécessité axiologique. La lutte, corrélativement, y est sélective, c'est-à-dire positive : d'une part en effet, par l'élimination des variants nuisibles ou insuffisants, elle libère des places à occuper par d'autres — et la place, c'est moins ici le lieu que le territoire, c'est-à-dire le milieu de comportement d'un animal, défini par ses exigences de sécurité, de reproduction et d'alimentation. Il n'y a plus désormais la seule mathématique (1) d'un quantum de population et d'un échantil-

(1) Le concept d'équilibre vient d'acquérir un sens biologique, dans le jeu dynamique des vivants qui le constituent tel par leur complicité concurrentielle,

lonnage représentatif : mais il s'agit de reconstituer le peuplement historico-spatial par des êtres en sursis et sans garants. En ce sens donc la lutte fonde la distribution géographique car elle en rend compte : et il faut le dire, c'est au XIXe siècle la première fois qu'aù-delà d'un recensement ou d'un tableau des habitats, on explique les répartitions topographiques. Ni A. de Humboldt, ni Alphonse de Candolle n'avaient dépassé le constat ou l'ordonnancement ; avec Darwin, l'ordre est devenu intelligible, car généalogique et dynamique, et le naturaliste anglais ouvre ce faisant la tradition de la paléogéographic ct de la géographie historique. En créant des vides, cette lutte d'autre part, en tant qu'elle isole des vivants, provoque la ségrégation des variants : elle rend donc possible la fixation cumulative de la différence favorable, en réduisant les rencontres, source du croisement uniformateur. A partir de là, la sélection peut être dite créatrice, car à la fois elle régit la dynamique d'une distribution et définit le mécanisme d'une diversification biologique à dimension de générations et composition de généalogie. Différences et sériation pragmatique, tels sont désormais les seuls facteurs nécessaires de l'organisation zoologique. Le darwinisme vient de déclarer la vanité de l'ordre naturel et de situer les éléments de son futur réinvestissement par la génétique des populations.

Car cette capacité à la variation par quoi la vie se caractérise est, dans la théorie darwinienne, fondamentale à deux titres au moins :

1) elle renvoie au lieu originaire de formation de la théorie : à savoir le voyage de circumnavigation sur le **Beagle** au cours duquel Darwin note les extinctions d'espèces, et constate les divergences sur fond de communauté entre les productions du continent américain et celui des îles voisines. Dès ce moment et à cause de cela, le darwinisme ne pouvait plus intégrer l'"économie naturelle. Celle-ci en effet, parce qu'elle suppose une téléologie de l'équilibre (1), reflète une représentation anthropomorphique où un Grand Ordonnateur — au XVIIIe siècle, Durham parlait de « stewart » et « householder » — préside aux destinées cosmiques. L'analogie est ici patente avec la démarche de l'éleveur qui, obéissant à une prospective sélectionniste, règle les unions et préordonne les formes futures. Or — et c'est là où nous voulons en venir — si, au retour du **Beagle**, Darwin compulse une masse de documents sur la sélection artificielle (en quoi il achève d'ailleurs de se persuader de la réalité et de la diversité des variations), il ne peut plus désormais concevoir l'étiologie évolutive sur le mode d'un sélecteur humain : l'expérience des territoires américains l'a préservé du modèle artificialiste, même si ensuite il utilise la technique des éleveurs à titre d'analogie, notamment pour élucider le problème de l'isolement. Sur ce point d'ailleurs, la génétique des populations répudiera le procédé. Car on ne saurait assimiler à un succédané de sélection artificielle la cage à populations pour Drosophiles inventée en 1933 par Lhéritier et Teissier ; système destiné à circonscrire le matériau, leur milieu clos — c'est-à-dire limité quant à l'extension démographique — reste milieu naturel, à savoir concurrentiel, où l'on place les animaux dont on veut étudier les fluctuations raciales : Inverse donc d'une sélection artificielle où l'homme protège alors que la nature menace. Les populations expérimentales dont il est alors question, même si elles ne restituent pas intégralement les conditions naturelles, ne doivent pas être confondues avec des entités domestiques, et peuvent être tenues pour des équivalents

(1) Comme dans une machine où tout programme implique projet.

légitimes d'un état « sauvage ». En quoi l'usage d'un nouveau matériau a ici rendu possibles les conditions d'un examen comparatif qui ont fait défaut au darwinisme, et au-delà des rectifications et des enrichissements ultérieurs, a confirmé la vérité et la fécondité du concept darwinien.

2) Aussi bien cette variation, qui va certes changer de niveau et de mode (1), n'en explique-t-elle pas moins que le darwinisme demeure commensurable à la seule génétique. En effet celle-ci pense le variant comme un mutant : or le concept est étranger à la théorie darwinienne pour qui les « sports », toujours entachés d'un caractère de monstruosité, n'offraient aucun intérêt théorique du fait de leur rareté et de leur non-viabilité. En ce sens, le néo-darwinisme impliquera la révision d'une composition conceptuelle. Mais si cette variation diffère de la mutation par sa continuité et son amplitude, elle lui reste néanmoins homogène dans la mesure où, spontanée et expressive de la structure organique plus que des conditions de milieu, elle s'accorde à la nature interne de la mutation contemporaine : où par conséquent, le darwinisme ne véhicule aucune incompatibilité essentielle pour une reprise ultérieure. Peut-être même devons-nous déclarer que seul il était susceptible de cette restructuration. La variation qu'il requiert n'est liée à aucune loi interne de développement, à aucun principe a priori de différenciation ou de variabilité ; elle reste donc fortuite, puisque non adaptative et individuelle : en quoi elle s'ordonnera au caractère aléatoire d'une mutation. Conçue d'autre part indépendamment de toute exigence de corrélation avec la totalité organique, sa nature parcellaire — nous dirions volontiers non intégrée — la rend comparable à la représentation particulaire du vivant à quoi la génétique et la biologie moléculaire nous accoutument actuellement. Est-il alors abusif de penser qu'il y a eu pour ces deux disciplines nécessité théorique à devenir darwiniennes ? Après avoir logé la reproduction de l'identité et de la différence dans la même structure du génôme, ayant conçu la variation comme mutation, et la percevant pour l'heure sous la forme d'un accident de séquence biochimique, la génétique des populations ne pouvait que reporter sur la sélection naturelle une adaptation effective et efficiente, mais non point fatale ni définitive, des organismes à leurs milieux. Conséquemment, et sans qu'on ait le droit d'estimer idéologie le darwinisme du XIXe siècle, il faut dire ici clairement que rien avant l'heure mendélienne ne pouvait munir la doctrine des moyens de son propre contrôle et de ses conditions d'efficacité théorique.

Toutefois — et nul ne s'y méprendra — cette actualisation de la pensée darwinienne ne saurait s'entendre comme l'injection brute d'un système dans un champ scientifique. La postérité d'une théorie n'est pas — elle ne peut l'être à moins d'oublier le moment de son écriture et le délai de son retentissement — une replication du discours. Aussi, avant de conclure en indiquant succinctement quelques éléments du retravail du concept de sélection dans la biologie contemporaine, qu'on veuille bien nous permettre de signaler encore deux facteurs pour lesquels le darwinisme fera l'objet soit d'une confirmation expérimentale, soit d'un déplacement théorique.

Le premier point se réfère à la notion d'utilité. Promue comme critère de sériation des variants, elle reste dans la thématique darwinienne l'objet d'une affirmation dogmatique ou d'un pré-supposé qu'on pourrait aisément résoudre en un aveu d'ignorance ou une tentation d'éluder la difficulté. D'ailleurs ses adversaires ne se sont pas privés de la contester,

(1) Particulaire et non plus cellulaire — saltation et non plus gradation.

souvent en vertu d'idéologies qui ne nous intéressent point dans cette étude. Mais il se trouve que de récents travaux anglo-saxons, notamment les recherches de Kettlewell (1955) sur le mélanisme industriel en Grande-Bretagne, corroborent dans leur intégralité les affirmations darwiniennes : la coloration noire des phalènes qui ont progressivement supplanté la variété claire, a constitué, par l'homochromie avec un substrat de pollution, une valeur sélective de protection contre la rapacité des oiseaux dont ils sont la proie naturelle. Un autre champ du savoir a mis en évidence des conclusions analogues : il s'agit cette fois d'expérimentations bactériologiques (par la technique dite de la duplication sur velours, dans une boîte de Petri) destinées à élucider si la résistance aux antibiotiques est un fait (lamarckien) d'adaptation acquise, ou une sélection (de type darwinien) de mutants non réceptifs et qui donc persistent à se multiplier, au détriment des congénères sensibles ; l'on constate effectivement que l'antibiotique n'induit pas l'adaptation, mais sélectionne les individus à résistance innée. Le concept d'utilité a conquis dès lors, en se dépouillant de toute estimation subjective ou anthropomorphique, la démonstration de sa réalité, et la manifestation de son fonctionnement.

Le second point engage la compréhension de la nature et du rôle de l'isolement : si le darwinisme l'affirme — sinon exclusivement, du moins éminemment — sympatrique, c'est-à-dire finalement écologique, la théorie actuelle de l'évolution tend, afin d'assurer l'isolement génétique indispensable à la spéciation, à faire précéder nécessairement toute diversification organique d'une ségrégation géographique, c'est-à-dire allopatrique. Mais par ailleurs il est loisible de relever les mêmes raisons de poser un identique problème : celui de l'aire de répartition, car sur une surface vaste et donc non homogène, la diversité des milieux et le nombre des individus implique polymorphisme et hétérozygotie, c'est-à-dire jeu des prédominances et des différenciations sélectives, et par voie de conséquence accélération de l'évolution. L'histoire des sciences une fois encore se révèle simultanément polyphonique et disruptive puisque, si Darwin ne disposait pas d'une théorie de l'hérédité apte à résoudre l'objection du mixte par croisement, il n'en privilégiait pas moins une forme d'isolement dont la génétique contemporaine éprouve l'insuffisance lors même qu'elle n'a plus à redouter le faux problème du « mélange » héréditaire.

Et ce déplacement de concept — au niveau de ses conditions d'exercice et dans sa finalité — permet en même temps de spécifier les clauses et les limites de l'introduction et du réemploi d'une théorie scientifique. En quoi nous exposerons l'ultime propos de cette étude : quelques notations touchant la recomposition actuelle du concept de sélection. Il nous semble qu'il s'est à la fois transformé dans sa définition, radicalisé dans ses conséquences et distribué dans ses fonctions, sans qu'on puisse dire d'ailleurs qu'il y ait totale cohérence entre les diverses perspectives.

Radicalisé : puisque la sélection est à présent comprise non comme le tri du meilleur, mais comme l'élimination du pire. Toutefois la destruction massive qu'elle suppose frappant non seulement les adultes, mais les gamètes, les œufs et les larves, cette élimination reste au départ absolument aléatoire.

Transformé : car l'idée d'une mortalité sélective — figure épique du darwinisme original — a cédé la place à celle d'une reproduction différentielle.

Distribué enfin : dans la mesure où il devient possible d'ordonner une sélection « normalisante » — qui tout en laissant persister un grand nombre de mutants délétères réussit néanmoins à empêcher la dégénération, d'autant que certains gènes létaux peuvent conserver ou acquérir géographiquement ou circonstanciellement une valeur sélective élevée (1) — une sélection « diversifiante » et une sélection « directionnelle » dont l'exemple des phalènes constitue un cas représentatif.

Ainsi donc, et en dépit des rectifications successives, ni le darwinisme ni le mendélisme n'ont encore été relégués dans la préhistoire. Contemporains chronologiquement, mais dans le temps même de leur chronologie, non contemporains théoriquement, c'est le XXe siècle qui a définitivement fondé leur contemporanéité scientifique. Où nous souhaitons avoir témoigné que l'histoire de la biologie est une aventure sans destin, mais non sans logique : en vertu de quoi nous aimerions clore notre discours en reconnaissant comme nôtre un mot de M. Georges Canguilhem : « Faire, au sens le plus opératif du terme, de l'histoire des sciences, est l'une des fonctions, non la plus aisée, de l'épistémologie philosophique » (2).

★

BIBLIOGRAPHIE

I. — *HISTOIRE DE LA BIOLOGIE* : instruments de travail et ouvrages de formation.

G. Canguilhem, *Etudes d'histoire et de philosophie des sciences* (Vrin 1968).

Ch. Singer, *Histoire de la biologie*. Trad. par F. Gidon (Payot 1934) (Une nouvelle édition anglaise a paru à Londres, chez Abélard-Schuman, en 1962).

Introduction à l'histoire des sciences (classiques Hachette, textes et documents philosophiques) : T.I. : Eléments et instruments (1970) ; T. II : Objet, méthode, exemples (1971).

II. — *DARWINISME ET MENDELISME.*

1°) *Ouvrages scientifiques de référence :*

R. Dajoz, *Précis d'écologie* (Dunod - 1971).

C. Petit, G. Prevost, *Génétique et évolution* (Hermann 1967).

2°) *Etudes, textes à l'appui :*

E. Radl, *History of Biological Theories*, trad. par Hatfield (Oxford 1930). (Edition allemande : Leipzig 1905).

G. Himmelfarb, *Darwin and the darwinian Revolution* (New-York 1962).

J.-F. Leroy, *Charles Darwin* (Seghers 1966).

Thalès, Du développement à l'évolution (1960).

G. Mendel, *Experiments in Plant Hybridisation* (Olivier and Boyd, Londres 1965). Cet ouvrage comporte la traduction anglaise des *Versuche über Pflanzenhybriden*, ainsi que trois articles de R.A. Fischer et une note biographique de W. Bateson).

G. Mendel, *Fundamenta genetica* (Moravian Museum, Brno 1965).

J. Piquemal, *Aspects de la pensée de Mendel*. (Conférences du Palais de la Découverte, D 102, 1965).

L.-C. Dunn, *A short History of Genetics* (Mac Graw Hill 1965).

F. Jacob, *La logique du vivant* (Gallimard 1970).

C.-G. Simpson, *Rythmes et modalités de l'évolution*, (trad. par de Saint-Seine, Albin Michel 1950).

Th. Dobzhansky, E. Boesiger, *Essais sur l'évolution* (Masson 1968).

---

(1) A l'état homozygote le gène létal de l'hémoglobine S est pathologique, mais à l'état hétérozygote, il confère une partielle immunité contre le paludisme.

(2) G. Canguilhem, *Etudes d'histoire et de philosophie des sciences*, Vrin 1968, p. 23.

ORGANISME ET ORGANISATION : DE DARWIN À LA GÉNÉTIQUE DES POPULATIONS

> « Travailler un concept, c'est en faire varier l'extension et la compréhension, le généraliser par l'incorporation des traits d'exception, l'exporter hors de sa région d'origine,... bref lui conférer progressivement, par des transformations réglées, la fonction d'une forme »
>
> Georges CANGUILHEM,
> *Études d'histoire et de philosophie des Sciences* (1968)

L'équivoque de la langue ne doit pas prêter à confusion s'agissant de l'intitulé de cette recherche : nous n'entendons pas retracer un parcours historique, du darwinisme à la génétique des populations. Il va s'agir, en fait, d'une étude comparative des concepts dans ces deux ordres respectifs, étude où l'on vise à mesurer une distance entre deux problématiques et à lui conférer un statut. Quant à l'histoire, elle sera celle de la génétique des populations elle-même, car, bien que limitée à un demi-siècle de 1930 à 1980, elle peut être considérée comme effective dans sa brièveté ; ce n'est donc plus tout à fait une gageure — même si cela demeure un risque — que d'articuler ses travaux. Aussi bien la génétique des populations ne tient-elle plus le même langage qu'à ses commencements, et son point de vue s'est infléchi, en devenant critique de ses premiers postulats et modèles. En l'occurrence, il nous semble que sa représentation de l'organisme et de l'organisation s'en est transformée d'autant, et l'estimation des concepts darwiniens correspondants y a pris peut-être, ou serait susceptible d'en recevoir une autre figure. L'enjeu n'est-il pas important, et pour l'histoire de la discipline et pour l'instruction sur le vivant qu'elle procure, cependant que la question retenue pourrait ne pas paraître arbitraire puisque c'est dans le sillage du darwinisme que la génétique des populations s'est, avec des avatars, élaborée.

La redécouverte des lois mendéliennes une fois assumée, et succédant à la constellation conflictuelle de *Biometrika* et d'une génétique ségrégative et mutationniste, la génétique des populations dans les deux premières décennies du XXe siècle, élabore ses règles de fonctionnement dans et par la conjugaison de la loi de Hardy-Weinberg en 1908, et du principe de la dérive formulé en 1917 par Sewall Wright [1]. Déduit des mécanismes mendéliens, un structuralisme des communautés génétiques est désormais introduit, et une seconde convergence chronologique et théorique de 1930 à 1932, celle de Wright, Fisher et Haldane [2] le confirmera, en l'appliquant démonstrativement à la théorie de l'évolution devenue suspecte auprès des généticiens du temps. Cette restauration de la sélection naturelle et sa démétaphorisation, perçue qu'elle est désormais comme reproduction différentielle, organisent la transformation de l'espèce à travers l'indépendance du gène, pris comme unité de mutation, de fonction et de ségrégation, et le jeu assuré des éliminations des génotypes à valeur sélective inférieure, faisant que toute population incline nécessairement vers une dominance homozygote optimale. En 1950, la théorie mullerienne, instruite certes à la génétique biochimique, restera encore tributaire de cette illusion du gé-

1. J. T. Gulick en 1873 (« On Diversity of Evolution under One Set of External Conditions », *Linn. Soc. Journ. Zool. London*, 11) et en 1905 (*Evolution Racial and Habitudinal*, Carnegie Instit. Wash. Publ., no 25) avait déjà établi que la différenciation raciale s'opère au hasard, et est préservée par l'isolement reproductif.

2. R. A. Fisher, *Theory of Natural Selection*, Oxford University Press, 1930 ; S. Wright, « Evolution in Mendelian Populations », *Genetics*, 16, 1931 ; J.B.S. Haldane, *The Causes of Evolution*, London, Longmans, 1932. Il importe toutefois de signaler les refus réitérés de S. Wright de voir ses travaux rapportés à une « bean-bag genetics » : cf. le dernier en date in *Evolution*, vol. 34, no 5, sept. 1980, sous le titre « Genic and Organismic Selection » en partie consacré à cette démarcation. Nous reviendrons plus loin sur cette question qui n'est pas sans intérêt en histoire des sciences ; mais nous tenons dès maintenant à remercier Alain Dubois, assistant au Muséum national d'histoire naturelle, qui nous a aimablement signalé l'existence de cet article.

notype idéal, modulé dans le cadre — faut-il dire idéologique ? — du « fardeau génétique ». Traduite dans le schéma d'un organisme en miettes, et dans la description de populations à structure minimale d'agrégation ou de flux géniques, cette ère première de la génétique des populations vaut cependant pour fondatrice de par la rationalité quantitative qu'elle parvient à immiscer dans l'ordre des vivants, dont il faudra néanmoins se demander si elle n'a pas été acquise au prix d'une dé-biologisation.

Avec les investigations expérimentales sur les populations réelles, rendues possibles par l'invention des cages à population de L'Héritier et Teissier en 1934, s'est ouvert le deuxième commencement de la génétique des populations, niveau et époque marqués par les contributions [3] de Dubinin, Serebrowsky, Timofeef-Ressovsky, Ford et Dobzhansky sur les populations de *Drosophila melanogaster*. Orientée par la détection de l'hétérozygotie et la mise en évidence de sa rétention, la génétique des populations apprend à percevoir celles-ci comme des systèmes organismiques, devient sensible à l'intégration des génotypes, cependant que le problème majeur d'une organisation de cette variabilité potentielle masquée, constitutive de l'individu et de la communauté, aboutit à la problématique du polymorphisme équilibré. Une génétique écologique des populations met ainsi en place des concepts proprement biologiques, tels ceux de stratégie (Waddington, Mayr, Lewontin), de paysage adaptatif (B. Wallace), d'homéostasie génétique (Lerner), et c'est dans ce registre nouveau que nous ferons comparaître les concepts darwiniens. Car l'on peut accorder que, sans opérer une cassure au niveau des axiomes constitutifs (loi de Hardy-Weinberg ; dérive génétique), la problématique populationniste a désormais inscrit dans son histoire une bifurcation épistémologique dont on ne saurait méconnaître la nature ni sous-estimer l'importance. Œuvrant sur le terrain hors d'une pure logique déductive de l'hérédité, récusant une schématisation atomistique du matériel génétique — « bean-bag

3. Également celle de S. S. TCHETVERIKOV en 1926 in *J. Ex. Biol.* (en russe) : « On Certain Features of the Evolutionary Process from the Viewpoint of Modern Genetics » ; la traduction anglaise n'interviendra qu'en 1961, in *Proc. Amer. Phil. Soc.*

genetics »[4] — que pouvait garantir une mathématique de l'additivité et de l'unidimensionnalité, découvrant au-delà de la mutation le potentiel de la variabilité allélique individuelle et communautaire, cette génétique des populations introduit sur le vivant et son organisation un discours original, étranger à la représentation dominante précédente [5]. A dater de 1966, par le traitement, dû notamment à

4. L'expression « Génétique du sac de haricots » est due à E. MAYR (« Where are we ? », *Cold Spring Harbor Symposium for Quantitative Biology*, New York, 1959, p. 2). Cette liaison linéaire - one to one : « un gène = un caractère » - serait comparable à celle, postérieure et au niveau de la biologie moléculaire, de : « un gène = une enzyme ». Mais celle-ci n'exclut pas, selon son auteur même, une organisation de système : « The organism is not merely a bag of chemical reactions, but a complex and highly integrated system in which reactions are systematically related in both time and space » (G. W. BEADLE, « Genes and the Chemistry of the Organism », *Amer. Scientist*, 34, 1946, p. 195).

5. Nous disons « dominante », mais non point monolithique ou uniforme. Ainsi l'explication fishérienne de l'évolution de la dominance par sélection de certains modificateurs du contexte génétique chez les hétérozygotes, cette explication implique l'excès de leur nombre sur les homozygotes mutants : en quoi l'on pourrait percevoir un indice de la variabilité allélique et de son maintien dans le cas d'une valeur sélective de l'hétérozygote plus forte que celle des deux homozygotes. Il demeure néanmoins que les calculs fishériens de l'augmentation de la valeur sélective moyenne sont effectués dans la problématique de l'unicité d'un locus génique, où fonctionne une additivité linéaire de gènes indépendants (voir A. JACQUARD, *Concepts en génétique des populations*, Paris, Masson, 1977, ch. V, p. 107 à 120, pour la critique du « théorème fondamental »). Ainsi encore S. Wright qui se défend d'avoir adopté cette représentation (« simplistic concept that the organism is a mosaic of unit characters », *Evolution, art. cit.* supra n. 2, p. 828-829). Mais, pas plus que Fisher ne peut être traité comme précurseur du polymorphisme équilibré, S. Wright, isolé ou incompris (par exemple sur la portée du principe de la dérive), c'est-à-dire inopérant, ne vaut pour commencement d'une problématique différente. Il nous semble d'ailleurs que sa mise en évidence d'une quasi-universalité de la pléiotropie ne suffit pas à assurer une représentation authentiquement intégrative. Car le graphisme d'un réseau (« network » : voir schéma in *Evolution, art. cit.*, p. 822) n'autorise encore qu'une structure, complexe certes, mais horizontale, d'entrelacs, et non point des niveaux d'ordre et une réorganisation qui leur soit afférente (aussi bien Wright parle-t-il de « syndrome » : « one cannot but be impressed by the number in which the rare allele is responsible for a syndrome that includes multiple effects that are not obviously related », *art. cit.*, p. 828). Et surtout la catégorie de pléiotropie reste destinée, dans les premiers textes de Wright, à résoudre le problème de la non-adaptativité apparente de certains caractères phénotypiques (*art. cit.*, p. 839) ; son usage, qui a pu être ultérieurement déplacé et réinterprété par lui, vaut donc d'abord dans une perspective différente, quoique non incompatible, de celle, organismique dont il est et sera question dans notre exposé. Une histoire des

Lewontin et Hubby [6], du polymorphisme enzymatique sur les populations de *Drosophila pseudo-obscura,* la jonction avec la biologie moléculaire (qui, pour autant, n'implique pas le recouvrement de leurs points de vue et de leurs explications) fournit à la génétique des populations une nouvelle occasion de repenser ou de tester les synthèses théoriques en matière d'évolution, dans l'affrontement, non réglé, d'un discours sélectionniste dont Mayr, Dobzhansky ou Wallace pourraient être les tenants, et d'un discours dit neutraliste, à l'initiative de Kimura en 1968, corroboré par Jukes et King en 1969, et repris pour l'essentiel par les recherches japonaises auxquelles on peut joindre celles de Crow, Ewens ou Feldman. Or ce « multipolymorphisme colossal » (G. Pasteur) réactive selon nous l'irritant, mais non faux problème de l'adaptation biologique, c'est-à-dire finalement celui de l'organisation même des organismes. La génétique des populations, parce qu'elle développe désormais une « théorie de la relativité »[7] où s'ordonnent des niveaux, des facteurs et des moments d'organisation, c'est-à-dire où se discrimine une problématique de l'organisation, cette actuelle génétique des populations ne serait-elle pas susceptible de poser correctement

sciences continuiste (ou logique : ce qui risque d'être synonyme) ne pourrait donc l'être que dans l'ignorance des problématiques, c'est-à-dire en définitive du discours scientifique lui-même.

6. R. C. Lewontin, J. L. Hubby, « A Molecular Approach to the Study of Genic Heterozygosity », *Genetics,* 54, 1966 ; H. Harris, « Enzyme Polymorphisms in Man », *Proceedings of the Royal Society,* série 13, 164, 1966 ; F. M. Johnson, C. G. Kanapi, R. H. Richardson, M. R. Wheeler, W. S. Stone, « An Analysis of Polymorphism among Isozyme Loci in Dark and Light *Drosophila ananassae* Strains from America and Western Samoa », *Proc. of the Nat. Ac. of Sc.,* 56, 1966.

7. E. Mayr, « Integration of Genotypes : Synthesis », *Cold Spring Harbor Symposium for Quantitative Biology,* New York, 1955, p. 333 : « It is, so to speak, a theory of relativity in the field of population genetics. A gene is no longer considered as having a fixed, absolute selective value. Rather its contribution to fitness is relative and may change. It depends on the nature of genotype of which it is a component, and the properties of this genotype in turn depend to a considerable extent on the past evolutionary history of population to which it belongs ». Egalement, « Where are we ? », *op. cit.* supra n. 4, p. 2 : « A gene [...] has [...] a wide range of potential values that may extend from lethality to high selective superiority, depending on genetic background and on the constellation of environmental factors. »

la question des coadaptations et de fournir des éléments signifiants de réponse ? Mais s'il en était ainsi, les concepts darwiniens ne seraient-ils pas, non point certes répétés, mais réactivés ?

Nous voudrions proposer, à titre de caractérisation de base, une définition des deux notions respectives, objet de notre étude. Une organisation désigne un agencement structural et fonctionnel de parties, éléments, organes, cependant qu'un organisme renvoie à un ensemble intégré et individualisé du génotype et du phénotype, traité comme totalité réactionnelle. Désormais, le programme de notre recherche est circonscrit : comment avons-nous été instruits en la matière par la génétique des populations, considérée dans son histoire, et quelles divergences ou convergences cette ou ces représentations induisent-elles comparativement à l'intelligibilité darwinienne ? La récurrence effectuera ainsi la mise en perspective du darwinisme par rapport à un savoir récent qui en a historiquement été la pierre de touche, voire l'introducteur.

S'agissant de la première phase de modélisation mathématique, quelle organisation pour quel organisme ? tel sera notre questionnement. En effet, l'introduction d'un nouveau concept, celui de « pool » génétique, structure la population en composant une échelle de grandeur à un critère, celui de la reproduction. Cette problématique d'une unité panmictique à intercroisement au hasard, qualifiée de « dème » par Gilmour et Gregor en 1939, définit la communauté génétique, en deçà de toute organisation d'écologie, et en dehors de l'ordre de l'espèce entendue comme taxon, même si cette dernière a pu ultérieurement être traitée comme une population mendélienne close. Le projet nécessaire et immédiat de cette première génétique a donc pu être, par la détermination des fréquences génotypiques, l'établissement d'une dynamique organisationnelle des populations, réglée par un circuit d'échanges génétiques où le brassage panmictique commande le degré de cohérence, cependant que la diffusion des gènes s'entend comme un écoulement. Il devient alors manifeste que la cinétique d'*input* et d'*output* se réduit à un schéma linéaire de structure et de développement, assez simple en définitive en dépit de son traitement probabilitaire. Aussi bien d'ailleurs les modèles de la génétique théorique des populations sont-ils réversibles dans la mesure où ils « exploitent le contenu tendanciel d'une situation génétique donnée » sans y intégrer la destinée passée ou future d'une population réelle [8]. Cette expression de « contenu tendanciel » empruntée à J.-M. Goux nous paraît corroborer notre suggestion d'une linéarité transformationnelle où l'organisation biotique serait minimale, c'est-à-dire sans ramifications divergentes ou compositionnelles, et le poids de l'histoire mis entre parenthèses. Dans cet ordre et *a contrario*, la représentation darwinienne des êtres organisés, en développant une organisation d'interactions, s'avère constitutivement relationnelle et synthétique :

> « Les forces moléculaires seules déterminent la forme d'un cristal ; il n'y a donc rien d'étonnant à ce que des substances dissemblables puissent parfois revêtir une même forme ; mais nous ne devons pas perdre de vue que la forme de chaque être organisé dépend d'une infinité de relations complexes, au nombre desquelles il faut compter des variations provoquées par des causes trop embrouillées pour qu'on puisse les saisir toutes ; la nature des variations qui ont été conservées et cette conservation dépendent des conditions physiques ambiantes et plus encore des organismes environnants avec lesquels chacun d'eux a pu se trouver en concurrence ; enfin les caractères héréditaires (élément si peu stable) dont les formes ont été déterminées par des relations également complexes » [9].

Au demeurant, la loi de Hardy-Weinberg, en écartant toutes les conditions d'application que sont la mutation, la migration et la sélection, décrit un état de constance pour les fréquences génotypi-

8. J.-M. Goux, « Les modèles en génétique des populations », in *Elaboration et justification des modèles*, Paris, Maloine (« Recherches interdisciplinaires »), 1979, II, p. 568. La « nouvelle » génétique des populations, quant à elle, intègre cette dimension diachronique où l'histoire n'est plus seulement une dérivation temporelle, mais l'inscription constitutive de déterminations vectoriellement situées : cf. n. 7 ; et aussi K. Mather, « Response to Selection », *Cold Spring Harbor Symposium...*, 1955, p. 163 : « Let us pause for a moment to consider what will determine the organization of the system of variability. It will, of course, be the system that has been successful in the species under the conditions of the past, and it will continue to be successful in so far as the future matches the past or in so far as the system can change to meet new needs. »

9. Ch. Darwin, *La descendance de l'homme et la sélection sexuelle* trad. Barbier, Paris, Schleider, 1881, 1re partie, ch. VII, p. 195. Cf. aussi l'*Origine des espèces*, trad. Barbier, Paris, Costes, 1951, ch. III, p. 76-84.

ques d'une génération à une autre. Cependant l'actuelle génétique des populations la conserve, moins à titre de modèle qu'à celui, dégradé, mais opératoire, de référent :

> « Le but principal de la génétique des populations est la détermination des fréquences de gènes et des fréquences zygotiques, ainsi que la comparaison de ces dernières avec les résultats théoriques d'une hypothèse pré-établie [...] celle de l'équilibre de Hardy-Weinberg »[10].

Mais en relativisant son usage par une confrontation entre les populations réelles et la population idéale postulée par Hardy-Weinberg, on fait corrélativement apparaître, et la nécessité de l'élaboration théorique, et l'artefact de l'organisation populationnelle à quoi elle a abouti, révélatrice de l'échantillonnage mathématique plutôt que des situations de nature. Le *seul* concept de fréquence génotypique ne suffit donc pas à discriminer pertinemment la facture génétique des populations. Et Dobzhansky d'écrire en 1955 :

> « La diversité des biologies reproductives peut être comprise comme une adaptation qui garantit les avantages évolutifs de différentes structures populationnelles ; à l'inverse, la structure génétique d'une population se modifiera et s'ajustera à une biologie reproductive imposée à l'espèce par ses antécédents évolutifs. Une relation de ce type est mise en évidence dans l'observation de Stebbins selon laquelle la fécondation croisée des fleurs et la faiblesse du mécanisme d'isolement reproductif entre espèces alliées sont plus fréquentes dans les plantes vivaces que parmi les plantes annuelles »[11].

Or, à ce point, la proximité théorique est réelle avec la notation par Darwin de niveaux d'adaptation différents dans le processus de la

10. B. WALLACE, *Génétique des populations*, trad. et adapt. par G. LUCOTTE, Paris, Masson, 1974, ch. I, p. 1. Cf. Cl. PETIT : « La loi de Hardy-Weinberg, utilisée comme modèle de référence, [...] bien que correspondant rarement aux situations réelles, constitue le fondement de la génétique des populations » (Cl. PETIT, E. ZUCKERKANDL *Génétique des populations. Évolution moléculaire*, Paris, Hermann, 1976, ch. III, p. 62).

11. Th. DOBZHANSKY, « Concepts and Problems of Population Genetics », *Cold Spring Harbor Symposium*, 1955, vol. XX, p. 4 (traduit par nous).

fécondation des orchidées : l'avantage de l'autofécondation dans « la production d'une grande quantité de graines sera déterminé par la longueur moyenne de la vie », cependant que la fécondation croisée « destinée à produire une vigoureuse descendance sera subordonnée à la présence et au nombre des insectes »[12]. Ainsi les notions de *pool* génétique et de fréquence statistique, primitivement critères d'organisation, mais *stricto sensu* étrangères au système darwinien qui n'avait pas les moyens de leur élaboration théorique, ces notions devront désormais s'ordonner dans le second niveau et mode d'organisation qu'est la sélection, présente de surcroît dans la nouvelle génétique des populations au sein même de l'organisme dans la mesure où le génotype y est devenu un système d'interactions et de coadaptations, constellation contrôlée selon Dobzhansky par la sélection naturelle[13]. Mais en l'occurrence, celle-ci a reçu sa définition non qualitative de ce même usage référentiel de la loi Hardy-Weinberg : c'est en effet la mesure de la différence entre la fréquence relative des descendants à une génération selon cette loi et leur fréquence réelle qui légitime l'identification de la valeur sélective à une reproduction différentielle. Or ici il importe de nuancer l'analyse. La problématique populationniste est certes impliquée dans l'organisation darwinienne de l'évolution par la sélection : Darwin jauge, en effet, sa portée à la possibilité d'une descendance, en même temps qu'il explique l'agencement des formes vivantes et fossiles par leur dominance successive due à leur extension écologique et géographique.

12. Ch. DARWIN, *Des effets de la fécondation directe et de la fécondation croisée dans le règne végétal*, Paris, Reinwald, 1876, ch. XII, p. 453. Parler ici de « stratégie » adaptative ne serait donc pas abusif ou illégitime.

13. Les travaux originaires, en date de 1947-1948, se référaient aux coexistences chromosomiques. Voir aussi l'origine de l'euhétérosis dans les populations expérimentales de *Drosophila pseudo-obscura* : travaux conjoints de Dobzhansky, L. Levine, H. Levene, O. Pavlovsky en 1953-1955. On peut les étendre à l'ajustement des fréquences alléliques d'un locus à un autre : travaux de Gordon en 1947-1957 sur les macro-mélanophores des poissons *Platypoecilus maculatus*. « Le système entier de production et de régulation des mélanophores est coadapté en ce sens que l'extension et le rôle particulier du système dépendent de lots de gènes où chacun d'eux a élaboré sa propre architecture au cours des divers événements survenant à l'intérieur même d'une population » (B. WALLACE, *Génétique des populations*, Paris, Masson, 1974, ch. VII, p. 92).

> « La cause de notre différend [il s'agit de Wallace], je pense, réside dans le fait que je considère le nombre de descendants comme un élément important (toutes circonstances restant identiques) pour maintenir le nombre moyen d'individus dans une région donnée. Je ne crois pas du tout que la quantité de nourriture soit le seul déterminant du nombre. Une fertilité diminuée équivaut à une nouvelle source de destruction »[14].

Les effets d'un changement doivent être de masse, et c'est sur les masses qu'une variation minimale s'accumule pour atteindre la divergence d'un taxon ; dans cet ordre, l'évolution ne s'intéresse qu'à la population, cependant que l'unité majeure d'évolution reste l'espèce. Mais une évaluation d'effets ne suffit pas à instituer une définition de nature ; aussi bien les propositions darwiniennes en la matière articulent-elles la sélection naturelle à la valeur adaptative par le moyen terme de l'avantage.

> « Grâce à cette lutte, les variations, quelque faibles qu'elles soient, et de quelque cause qu'elles proviennent, tendent à préserver les individus d'une espèce et se transmettent ordinairement à leurs descendants pourvu qu'elles soient utiles à ces individus dans leurs rapports infiniment complexes avec les autres êtres organisés et avec les conditions physiques de la vie. Les descendants auront, eux aussi, en vertu de ce fait, une plus grande chance de persister [...] J'ai donné le nom de sélection naturelle à cette conservation des différences et des variations individuelles favorables, et à cette élimination des variations nuisibles » [15].

Dans ces conditions, le registre sélectif est authentiquement, mais partiellement statistico-reproductif. En conséquence, et par le biais de la génétique des populations, le néo-darwinisme a sans doute

14. Darwin à Wallace, 6 avril 1868, in *More Letters*, ed. by Fr. DARWIN and A. SEWARD, London, John Murray, 1903, I, p. 295. Cf. aussi *Origine des espèces*, *op. cit.* supra n. 9, ch. I, p. 40 ; ch. IV, p. 76. Voir la définition de la sélection naturelle donnée ci-après.

15. *Origine des espèces*, *op. cit.* supra n. 9, ch. III, p. 67 ; ch. IV, p. 86. « Si la sélection consistait simplement à isoler quelques variétés distinctes et à les faire se reproduire, ce principe serait si évident qu'à peine aurait-on à s'en occuper » (*Ibid.*, ch. I, p. 32).

infléchi le concept, ce dont il faut prendre acte, car la science progresse ; mais il reste abusif de le porter comme tel au crédit de la représentation darwinienne elle-même. E. Mayr, pourtant, semble relever de ce déplacement quant au sens historique d'un concept, en affirmant que

> « la sélection naturelle n'est tout simplement que la détermination différentielle des génotypes [...] Comme le disait Darwin si justement, ce que l'on paie, c'est ' le succès à donner une progéniture '. La sélection naturelle est un phénomène statistique : elle signifie tout simplement que le meilleur génotype a 'de meilleures chances de survie' [Darwin] [...] La sélection naturelle n'est pas déterminante puisque c'est un fait statistique » [16].

Ce dernier propos appelle quelque éclaircissement : il ne s'agit certes pas de récuser la valeur organisationnelle de la sélection, décrétée par ce même E. Mayr en 1959 « processus créateur » dans la mesure précisément où elle se définit comme reproduction différentielle ; il s'agit plutôt, par la problématique populationniste, de la purger de toute surimposition axiologique ou de tout déchiffrement téléologique, où la survie serait le critère d'une dignité d'essence (valeur d'éminence et non pas adéquation vitale relative) et la situation des organismes déchiffrée en préordination (et non pas comme entrecroisement contingent de déterminations neutres en soi). En ce sens, le statut nouveau qui lui est attribué la délie de toutes les équivoques d'une comparaison analogique avec la sélection artificielle, dont on sait qu'elles ont pu affecter le texte darwinien lui-même, et qui lui ont suscité des objections parfois sans innocence [17]. Mais le problème ne nous paraît pas aussi simple, bien

16. E. MAYR, *Populations, espèces et évolution* (éd. originale : *Animal Species and Evolution*, Harvard University Press, 1963), trad. Y. GUY, Paris, Hermann, 1974, ch. 8, p. 122 et 124.

17. Y. CONRY, *L'introduction du darwinisme en France au XIXe siècle*, Paris, Vrin, 1974, Livre II, 2e partie, section 1 : « Les sélections ou les avatars d'un concept ».

qu'il reste radical eu égard à ses éventuels prolongements socio-politiques [18]. En effet, et dans le cadre même de la nouvelle génétique des populations, il ne s'avère pas possible d'éliminer intégralement l'aspect « qualitatif », ou plutôt fonctionnel de la valeur sélective, et l'ambiguïté de la notion d'« aptitude » joue ici à plein : l'idée d'une « performance » à quoi Mayr l'identifie [19] s'avère en effet insuffisamment circonscrite puisqu'elle désigne trivialement l'accomplissement d'une tâche, et cependant référée au niveau d'une physiologie [20], car il s'agit en l'occurrence d'un fonctionnement, celui-ci se complétant de l'obtention d'un rendement [21]. Un organisme l'exprime-t-il donc dans la seule capacité reproductive, c'est-à-dire en reprenant l'expression de Fisher, dans la contribution au *pool* génétique de la génération suivante, ou faut-il comme certains textes de Mayr ou de Cl. Petit inciteraient à le croire, la corréler à celle, non identique, d'une capacité biologique générale ? Aussi bien « la longévité, la résistance à la sous-alimentation, aux facteurs climatiques, aux épidémies, l'aptitude au camouflage » [22] sont-ils des constituants irréductibles de la valeur sélective. En outre, la vitalité n'induit pas nécessairement un taux de transmission

18. Le plus éclatant est celui du « darwinisme social » au XIXe siècle, et des paternités racistes que l'on prétend encore trop souvent, au XXe siècle, faire endosser à la théorie darwinienne, sans d'ailleurs avoir la rigueur scientifiqué ou l'honnêteté intellectuelle qui imposerait *au minimum* de distinguer entre l'*Origine des espèces* et la *Descendance*. Dans ce registre, il serait peut-être plus pertinent de mesurer la responsabilité spencérienne, eu égard à la formule lapidaire de la « persistance du plus apte », expression certes malencontreusement adoptée par Darwin, mais qui lui était en fait étrangère et inutile : aussi bien était-elle absente de la première édition de l'*Origine des espèces* (*op. cit.* supra n. 9, ch. III, p. 61).

19. E. MAYR, « Integration of Genotypes : Synthesis », *Cold Spring Harbor Symposium...*, 1955, p. 328 : « as long as the functional unity of chromosomes or genotypes that have been selected for superior performance (that is fitness). »

20. *Ibid.*, p. 328 : « a physiological interpretation of fitness. »

21. Le rendement peut être ici l'adaptation assurée ou la progéniture produite. Cf. Th. DOBZHANSKY, E. BOESIGER, *Essais sur l'évolution*, Paris, Masson, 1968, ch. I, p. 13-14.

22. Cl. PETIT, E. ZUCKERKANDL, *op. cit.* supra n. 10, ch. III, p. 57.

assuré ou important, et pas davantage le « succès d'une progéniture » ne garantit la valeur ou la capacité adaptative de celle-ci [23]. E. Mayr dénonce avec acuité le paradoxe en écrivant :

> « Ici se manifeste clairement une situation où les deux termes de ' haute valeur sélective ' et de ' haute valeur adaptative ' ne sont pas convergents. Je soupçonne fortement que la sélection pour le seul succès reproductif a pu fréquemment jouer un rôle dans l'extinction des espèces » [24].

Mais dire que la pression démographique fonctionne comme moyen d'éviction-extinction revient à appliquer l'un des organisateurs de l'écologie darwinienne, à savoir le taux d'acuité de la compétition dont l'accroissement est proportionné à la proximité taxinomique des formes :

> « Les individus appartenant à la même espèce fréquentent en effet les mêmes districts, recherchent la même nourriture et sont exposés aux mêmes dangers » [25].

Avec la réduction de la population, et donc l'appauvrissement de son *pool* génétique [26], l'adaptabilité se réduit, car « les chances de l'apparition des variations avantageuses se trouvent diminuées » [27] ;

---

23. On peut prendre pour exemple la « variante chromosomique du rapport des sexes » chez les drosophiles, élucidée par Wallace en 1948 (DOBZHANSKY, *op. cit.* supra n. 21, ch. V ; et *art. cit.* supra n. 11, p. 12). Il faut également distinguer entre l'adaptation immédiate, spécialisée (homozygotie) et l'adaptabilité, c'est-à-dire une potentialité d'adaptation par flexibilité génétique (hétérozygotie).

24. E. MAYR, *art. cit.* supra n. 4, p. 6 (traduit par nous).

25. *Origine des espèces, op. cit.* supra n. 9, ch. III, p. 81, et aussi ch. IV, p. 118. Comparer avec les notes 14 et 15 pour l'équivoque de la seule statistique [démographique ou génétique] liée en même temps à la nécessité du point de vue.

26. *Stricto sensu*, ce vocabulaire et ce point de vue ne figurent pas dans les textes darwiniens, dont l'écriture reste évidemment pré-mendélienne. Mais dans le plan phénotypique qui est le leur, il est possible et légitime de les réinvestir *a posteriori* ; la récurrence est ici compatible avec la problématique de Darwin, dont elle déplace simplement le niveau conceptuel, et donc elle devient le signe corrélativement de sa fécondité et de sa validation.

27. *Origine des espèces, op. cit.* supra n. 9, ch. IV, p. 112.

l'organisation sélective de l'évolution et donc celle-ci même s'en trouvent ainsi compromises. Le caractère anti-adaptatif du « seul succès reproductif » rend donc manifeste que le niveau organismique individuel ou communautaire, défini comme totalité réactionnelle, dans une organisation en réseau et étagée, n'est pas réductible à une comptabilité numérique, objective certes, mais amorphe, et dont la rigueur dépend d'ailleurs du nombre des paramètres intégrés au calcul ; or si l'on prend en considération les différents allèles d'un locus, la mesure de « l'aptitude » des génotypes dans un ensemble d'individus, niveau où se détecte une probabilité, devient d'une complexité si redoutable qu'elle se solde pour l'heure par un échec. Dans ces conditions, la tentative de Thoday en 1953 [28] nous semble particulièrement intéressante : s'efforçant de spécifier l'aptitude comme capacité à vivre dans un milieu, et à transmettre aux descendants celle de vivre dans d'autres milieux futurs, il coordonne l'organisation génotypique, et notamment hétérozygotique, de l'individu et de la population aux exigences biologiques des organismes comme touts de réciprocité [29]. Il retrouve ainsi, par-delà la première génétique formelle des populations, mais en conservant l'instruction des Tchetverikov, Dubinin et autres, l'orientation même de l'organisation sélective darwinienne ; et si le schéma de l'hérédité appartient dans le darwinisme à l'ordre d'un savoir périmé faute d'avoir été « mendélien », la représentation de la variabilité de l'organisme est, quant à elle, susceptible de se réinvestir dans la problématique polymorphiste actuelle. Aussi bien Darwin complète-t-il la définition déjà donnée de la sélection par une remarque que l'on ne saurait, selon nous, sous-estimer :

> « J'ai donné le nom de sélection naturelle à cette conservation des différences et des variations individuelles favorables, et à

---

28. J. M. THODAY, « Components of Fitness », *Symp. Soc. Exper. Biol.*, 1, 1953.

29. E. MAYR y souscrit dans la critique qu'il adresse à la génétique mathématique : « The mathematical geneticists assign in their formulae an absolute selective value «S» or «W» to a given gene «a». Whatever usefulness such a value W may have is at once destroyed by the cautious qualification that W is to be taken as the average of all the selective values which the genotype may have in different physical and biotic environments» (*art. cit.* supra n. 4, p. 6).

> cette élimination des variations nuisibles. Les variations insignifiantes, c'est-à-dire qui ne sont ni utiles ni nuisibles à l'individu, ne sont certainement pas affectées par la sélection naturelle, et demeurent à l'état d'éléments variables, tels que peut-être ceux que nous remarquons chez certaines espèces polymorphes, ou finissent par se fixer grâce à la nature de l'organisme et à celle des conditions d'existence »[30].

Nous y reviendrons ultérieurement.

Au contraire, l'organisation des phénotypes dans le cadre de la dérive aléatoire pour des populations à effectif limité ne nous paraît plus compatible avec l'omnivalence de la sélection naturelle dans la théorie darwinienne. Même si la variation organique est toujours contingente quant à sa production, même si l'agencement des organismes ne relève que d'une correspondance événementielle ou probabilitaire, c'est-à-dire non finalisée et relative, entre le phénotype et son milieu biotique et physique, l'universalité de la discrimination individuelle et spécifique par l'utilité exclut tout caractère erratique de la diffusion et de la fixation-élimination des gènes. En l'occurrence, bien que l'efficacité de l'organisation sélective en fonction de la taille des populations soit envisagée dans le darwinisme à cause de sa nécessaire corrélation avec la problématique de l'isolement, cette question se résout dans le postulat d'un « retard » de la sélection, processus finalement homogène à la diminution des variations dans une population réduite[31]. Or ce « retard » mani-

30. *Origine des espèces, op. cit.* supra n. 9, ch. IV, p. 86. P. M. SHEPPARD relève ce même passage in *Natural Selection and Heredity* (London, Hutchinson University Library, 1958 ; 3e éd. 1969, ch. I, p. 16-17) et lui réserve le commentaire suivant que nous transcrivons car à la fois il nuance et confirme notre opinion personnelle : « This passage is of immense interest. Darwin was wrong in believing that the variation in polymorphic species was not affected by selection, [...] although it should be noted that he was cautious about the matter. In fact it is only by the action of the natural selection that two or more distinct varieties can be maintained indefinitely in a population of finite size » (voir plus loin nos remarques à propos de Lewontin). « However if by the word 'fixed' he meant that one form would eventually replace all others, he was correct in believing that if natural selection was not operating, varieties could become fixed under certain conditions. This is particularly true when the population size is small ». Comparer sur ce point *Origine des espèces, op. cit.* supra n. 9, ch. IV, p. 112.

31. *Ibid.*

feste précisément la divergence des deux problématiques considérées ; car là où la variation est raréfiée, mais toujours postulée avantageuse et donc susceptible de se fixer, fût-ce plus lentement, le principe de la dérive apprend que « des allèles favorisés par la sélection peuvent se perdre, cependant que les moins favorisés peuvent se fixer »[32]. Bref ici, le critère sélectif a cessé d'être approprié et opératoire, alors que la théorie darwinienne continue à le penser valide, même masqué ou moins puissant. Puisqu'un retard, comme simple injection de durée, n'est pas une annulation de réalité, à ce niveau donc les deux schémas d'organisation s'avèrent irréductibles, et le neutralisme de Kimura, dans le cadre de son interprétation du polymorphisme enzymatique, peut valoir pour un greffon de la théorie du « random drift », à ceci près toutefois qu'il en extrapole le graphisme à tout ordre de grandeur populationnelle et sous réserve de son hypothèse des pressions migratoires. Or l'actuelle génétique sélectionniste des populations intègre certes le modèle de S. Wright — le principe dit « de la fondatrice » selon Mayr en représente en quelque sorte la figure dernière [33] ; ce faisant, cette génétique pluralise les processus évolutifs et le schéma organisationnel darwinien. Mais, outre qu'elle tend à récuser l'idée même de neutralité des alloenzymes [34] en usant des recherches de biologie moléculaire sur la régulation de l'activité des gènes de

32. Th. DOBZHANSKY, *Génétique du processus évolutif*, Columbia University Press, 1re éd. 1970, trad. par Y. GUY, Paris, Flammarion, 1977, ch. 8, p. 284.

33. Encore que la polémique Wright-Mayr n'en soit pas réduite pour autant car 1) WRIGHT préfère l'hypothèse d'une fondation multiple (« Breeding Structure of Populations in Relation to Speciation », *Amer. Natur.*, 74, 1940) ; 2) MAYR réfère le problème de la taille d'une population moins aux phénomènes stochastiques de perte d'allèles qu'à sa signification évolutive et sélective (« Change of Genetic Environment and Evolution », in *Evolution as a Process*, HUXLEY ed., London, G. Allen and Unwin, 1954 ; et *art. cit.* supra n. 7, 1955, p. 332 ; 3) Wright affirme reconnaître dans « la révolution génétique » de MAYR sa propre théorie de la « dérive par pics » (« peak-shift ») mais s'étonne qu'ensuite MAYR continue à l'assimiler à Haldane et Fisher dans un « bean bag genetics » (*art. cit.* supra n. 4). Voir supra n. 5.

34. Pour la discussion résumée de ce travail critique, cf. Cl. PETIT, E. ZUCKERKANDL, *op. cit.* supra n. 10, ch. V, p. 109 à 114. Egalement les recherches sur les groupes sanguins ABO. Dès 1945, en dehors donc du polymorphisme enzymatique, FORD avait déclaré la non-existence d'un polymorphisme neutre (« Polymorphism », *Biol. Rev.*, 20).

structure, elle argue des effets physiologiques cryptiques des enzymes dits neutres, et réinscrit ainsi une valeur adaptative au niveau du fonctionnement organique, dans la liaison encore mal définie du génotype et du phénotype. Où, selon nous, se marquent et le niveau de l'organisme que la nouvelle génétique des populations intègre désormais à ses considérants, et la problématique même de l'organisme : celui-ci ne saurait être ni le phénotype coupé de ses fondations génétiques, ni le génotype sans référence environnementale ni compromis sélectif. L'organisme serait peut-être alors le phénotype organisé, c'est-à-dire contrôlé par son contexte génétique, mais exprimé originalement dans ses rapports nécessaires avec les milieux. Car enfin un gène ou un *pool* de gènes n'est pas un organisme, et une stricte mathématique des fréquences y discrimine ses limites. Une remarque de Haldane en deviendrait ainsi doublement exemplaire : il note en effet [35] qu'une sélection simultanée contre un grand nombre de gènes risque d'éliminer la population entière ; cependant il convient lui-même que la « valeur sélective » n'est que relative et que ce sont les phénotypes qui sont exposés à la sélection, non les gènes. Dans ces conditions, et pour le cas d'une chute de la densité populationnelle, quelques phénotypes, même faibles, pourront survivre s'ils ne sont pas exposés à la compétition. La résolution du problème de l'adaptation pourrait ainsi s'élaborer dans une philosophie du/des vivant(s) répudiant tout à la fois et l'amorphe [36] et le préformé. Le darwinisme retrouvera ici sa validité par le caractère éminemment systématique et relativiste de sa représentation de l'évolution et des vivants ; les organismes différentiels s'y distribuent quantitativement, géographiquement et historiquement dans une architecture d'interconnexions agissantes, au sein d'organisations populationnelles et territoriales qui en sont à la fois le produit et le déterminant, instables et corrélés, mais non point justifiés, car toujours définis et validés par la situation *hic et nunc*, et donc référentiels. On aura facilement un témoignage de cette continuité théorique dans le propos suivant de Mayr :

35. J. B. S. HALDANE, « The Cost of Natural Selection », *Journ. Genetics*, 55, 1957.

36. Le recours au hasard, indépendamment de la signification antitéléologique de celui-ci, pourrait être le signe et la transposition épistémologique de l'amorphe.

> « L'ordre du monde organique, manifesté dans les multiples adaptations des organismes à l'environnement physique et biotique, est dû aux effets ordonnateurs (ordering) de la sélection naturelle »[37].

S'agissant désormais exclusivement de cette nouvelle génétique des populations, nous pensons que son apport essentiel, dans le cadre de notre recherche, consiste à avoir institué, comparativement à la théorie « classique », atomistique, ponctuelle et linéaire, une nouvelle problématique de l'organisation, que nous allons à présent tenter de circonscrire. Le premier niveau de son fonctionnement est celui que l'on pourrait appeler l'intégration des génotypes. Reprenant le problème fishérien de l'évolution de la dominance, la génétique des populations a fait apparaître la relativité fonctionnelle des caractères de récessivité et de dominance, cessant d'être des propriétés inhérentes au gène pour devenir des variables du milieu génétique et de l'environnement. Telle nous semble être la signification organisationnelle majeure des travaux de Sheppard (1958) sur le *Cepaea nemoralis* (escargot des haies), « paradigme des sélectionnistes », selon l'expression de Lewontin, de l'ensemble des recherches sur le mélanisme industriel et l'évolution du *Biston betularia*, ou encore de celles de Cl. Petit sur l'avantage du rare en matière de sélection sexuelle. Cette mise en perspective des propriétés géniques permettrait également de relativiser la thèse mullerienne d'un gaspillage hétérozygotique et d'un fardeau génétique, en substituant à la notion absolue d'un « coût de l'évolution » celle d'un sens opérationnel pour les gènes incomplètement récessifs, et létaux ou subvitaux à l'état homozygote : leur valeur décisoire serait ainsi nécessairement opportuniste, eu égard à un milieu fluctuant. Instituée dans la mise en place des allèles, cette organisation d'intégration s'étend à tout le matériel génétique, puisque les liaisons épistasiques, les interactions polygéniques et pléiotropiques donnent à penser le chromosome comme unité organisée [38], faisant

37. *Art. cit.* supra n. 4, p. 4.

38. Si l'on considère simultanément les effets du linkage entre locus voisins sur un même chromosome et des écarts de valeur sélective, leur combinaison permet de dégager le concept nouveau de « longueur caractéristique », laquelle constitue l'unité d'évolution du génome.

que ses inversions ou dislocations vont acquérir, dans les recombinaisons qu'elles autorisent, une valeur sélective encore insoupçonnée. Ainsi Levitan qui, en 1954, parvient à corréler les différences des taux de reproduction de la *Drosophila robusta* à l'inversion cis- et trans- sur un chromosome, requiert un « effet d'organisation » pour rendre compte du processus [39]. Déjà Tchetverikov parlait

> « d'un milieu génétique qui agit de l'intérieur sur la manifestation caractérielle d'un gène. Un individu est indivisible non seulement dans son soma, mais aussi dans la manifestation de chaque gène qu'il possède »[40].

Les différents gènes agissant comme les éléments fonctionnels d'un système, le *pool* génétique d'une population en acquiert la cohésion interne d'une totalité organisée. La communauté génétique est désormais structurée en système organismique qui ajoute et combine ses limites et ses possibilités aux environnements physique et biotique où fonctionnent les divers phénotypes, organismes individuels proie et cible de la sélection. La constellation organisationnelle est désormais étagée et pluralisée, systématisée et relativisée. On parlera ainsi de « coadaptation », susceptible d'un montage par la sélection naturelle, qui tend de surcroît à coadapter le génotype à l'habitat local, en constituant des « races écologiques ». Ainsi plusieurs génotypes peuvent-ils coexister indéfiniment dans une population mendélienne panmictique, tant que et parce que ces *pools*

39. M. Levitan, H. L. Carson, H. D. Stalker, « Triads of Overlapping Inversions in *Drosophila robusta* », *Amer. Natur.*, 88, 1954.

40. « On Certain Features of the Evolutionary Process from the Viewpoint of Modern Genetics », 1926, cité par E. Mayr, *op. cit.* supra n. 16, ch. 10, p. 182. S'agissant des rapports qu'elle implique entre la conception d'une organisation sous la forme d'un schéma génotypique intégratif et les manifestations de pléiotropie du gène, cette formulation de Tchetverikov nous apparaît moins ambiguë que celle de Wright (cf. supra n. 5), et de surcroît antérieure à la sienne. Car elle introduit l'idée d'un organisme comme *système* et la pléiotropie en devient le résultat à divers niveaux de l'individu. Certes, traiter de celle-ci réserve la possibilité de son réinvestissement ultérieur dans une signification de totalité, mais ne suffit pas à discriminer en soi la pertinence de sa problématique. En l'occurrence, la pléiotropie est, pour l'heure, comme forme et aspect de l'intégration génotypique, considérée comme un facteur qui, sans liaison directe avec le phénotype, intervient cependant dans une valeur adaptative générale, et ce n'était pas le point de vue de Wright.

génétiques sont favorisés par la sélection dans leur ajustement respectif à différents environnements[41]. Le « paysage adaptatif » que l'on peut en déduire, c'est-à-dire « la visualisation de l'aptitude moyenne d'une population par l'élévation du terrain en un point donné » grâce à la projection sur des coordonnées des fréquences respectives des allèles, ce paysage adaptatif est en continuité théorique flagrante avec la stratégie territoriale dans la théorie darwinienne par quoi la compétition se convertit en co-présence si une suffisante diversité de structure permet à différentes formes phénotypiques d'exploiter des niches diversifiées.

> « Plus les descendants d'une espèce deviennent différents sous le rapport de la structure, de la constitution et des habitudes, plus ils sont à même de s'emparer de places nombreuses et très différentes dans l'économie de la nature et par conséquent d'augmenter en nombre [...] Prenons par exemple un quadrupède carnivore et admettons que le nombre de ces animaux a atteint, il y a longtemps, le maximum de ce que peut nourrir un pays quel qu'il soit. Si la tendance naturelle de ce quadrupède à se multiplier continue à agir, et que les conditions actuelles du pays qu'il habite ne subissent aucune modification, il ne peut réussir à s'accroître qu'à condition que ses descendants variables s'emparent de places à présent occupées par d'autres animaux : les uns par exemple en devenant capables de se nourrir de nouvelles espèces, de proies mortes ou vivantes ; les autres en habitant de nouvelles stations, en grimpant aux arbres, en devenant aquatiques [...] Ce qui s'applique à un animal s'applique à tous les autres, et dans tous les temps, à une condition toutefois, c'est qu'il soit susceptible de variations, car autrement la sélection naturelle ne peut rien. Il en est de même pour les plantes. Les avantages de la diversité de structure chez les habitants d'une même région sont analogues, en un mot, à ceux que présente la division physiologique du travail dans les organes d'un même individu, sujet si admirablement élucidé par Milne-Edwards »[42].

Mais il faut aussi convenir que cette représentation darwinienne des

41. C. C. Li, *Population Genetics*, University of Chicago Press, 1955.

42. *Origine des espèces, op. cit.* supra n. 9, ch. IV, p. 120.

solutions topologiques et historiques ne renvoie qu'à un plan strictement écologique, hors d'une quelconque génétique, privé que Darwin était de la base mendélienne, si insuffisante fût-elle et appelée aux rectifications que l'on sait. Aussi bien l'organisation de l'organisme est-elle, dans la biologie darwinienne, restée élémentaire, dans l'ordre d'une composition structurale simple ; la fabrique cellulaire y est invoquée au seul niveau de la pangenèse, et le principe des corrélations de croissance, usité assez fréquemment, reste dans le registre d'une description et d'une pratique empiriques, incommensurable à un effet génétique de pléiotropie [43]. Dans cet ordre donc, la génétique des populations l'a rectifié en le déportant à un autre niveau comme à sa fondation, et elle l'a, dans ce mouvement, confirmé, en même temps qu'elle contribuait, nous semble-t-il, à réviser, voire à renouveler, le concept d'organisme considéré dans l'ordre d'une totalité. Récusant la représentation première d'une mosaïque génétique, où s'inscrivait l'éclipse même de l'organisme dans une réduction sur-analytique, la nouvelle génétique des populations ne réanime pas pour autant l'idée romantique d'une globalité vitale irréductible[44], d'une indivisibilité absolue, vision mythique d'un totalitarisme biologique à référent fantasmatique et philosophique, où le morcellement paraît démembrement, lésion, c'est-à-dire menace sur une identité ontologique qui exclut toute mise en perspective de division. Mais pas davantage non plus la génétique des populations ne réitère la représentation cuviériste d'une totalité close où les corrélations anatomo-physiologiques de strict ajustement et d'intégrale complétude (autre façon de désigner la perfection) n'autorisent aucune marge de variabilité (sinon en

43. « La corrélation de croissance relie si intimement entre elles toutes les parties de l'organisation que toute variation de l'une d'elles entraîne une variation correspondante dans une autre » (*De la variation des animaux et des plantes sous l'influence de la domestication*, trad. MOULINIÉ, Paris, Reinwald, 1868, I, p. 237). Dans l'*Origine des espèces*, Darwin a énuméré les *cas* connus de corrélation dont les fameux chats blancs aux yeux bleus, et sourds, et conclut ce bilan en parlant des « lois mystérieuses de la corrélation » (*Origine des espèces*, *op. cit* supra n. 9, ch. I, p. 12-13).

44. Sous quelque forme et à quelque époque qu'elle s'exprime ou resurgisse comme par exemple chez Driesch ou Goldstein, ou dans la biologie allemande de la fin du XVIIIe siècle et du début du XIXe siècle.

surface, c'est-à-dire insignifiante). Ni mécaniste, ni romantique, le concept scientifique d'organisme que cette génétique des populations implique et autorise désormais est celui, opératif, d'une totalisation d'unités de reproduction. Schéma relationnel, c'est-à-dire pluralisé, mais non point atomisé puisque co-structuré par des compatibilités biologiques et environnementales de position, d'adaptation et d'évolution. La sélection peut ainsi devenir l'organisateur de cette organisation de l'organisme. Toutefois, et parce que cette sélection a pour cible le phénotype individuel, la théorie darwinienne de l'évolution était en mesure de s'élaborer à ce niveau même, indépendamment d'une génétique des populations, tout en restant susceptible d'être récurrentiellement située et expliquée à cet autre plan.

Mais aussi la laxité du schéma darwinien a permis qu'il fût compatible ultérieurement avec la découverte du polymorphisme dont la génétique des populations a progressivement fait état et usage. En effet, dans un organisme à corrélations minimales, la variation pouvait et devait recevoir une place et un statut privilégiés.

> « J'ai été frappé de la variabilité légère existant entre toutes les parties dans chaque espèce [les cirripèdes]. En comparant rigoureusement le même organe dans un grand nombre d'individus, je trouve toujours quelques légères différences... Le travail systématique serait facile, n'était cette variation maudite que j'aime cependant en tant que faiseur d'hypothèses, mais qui m'est odieuse en tant que systématiste » [45].

Au vrai, l'organisme comme tel est un variant, et l'affirmation de sa « plasticité »[46], conjointement à la connaissance du polymorphisme comme tel, s'accommode communément aux faits récents. Elle reste de surcroît compatible avec l'estimation contemporaine concernant la source de la variabilité d'un organisme. En effet on connaît les réticences de Darwin à la mutation comme matériau

45. Darwin à Hooker, 13 juin 1849, in *Vie et correspondance de Ch. Darwin*, éd. par Fr. DARWIN, Paris, Reinwald, 1888, I, p. 517. A l'inverse le schéma cuviériste de corrélations strictes, « rapports qui sont d'une nécessité égale à celle des lois métaphysiques ou mathématiques » (*Leçons d'anatomie comparée*, Paris, an VIII, I, p. 47), ce schéma était incompatible avec un pluralisme de variabilité essentielle.

46. *Origine des espèces*, *op. cit.* supra n. 9, ch. IV, p. 85.

évolutif : les « sports », toujours entachés d'un caractere de monstruosité, n'offrent aucun intérêt théorique du fait de leur rareté, de leur non-viabilité et de leur absorption dans le croisement en vertu de l'hérédité par mixtion. En ce sens, le mutationnisme mendélien ne lui sera pas commensurable, et l'on n'a pas ici à rappeler la longue histoire de ce premier malentendu ; en ce sens également, le néo-darwinisme impliquera la révision d'une composition conceptuelle. Mais la génétique des populations, instruite à la biologie moléculaire, si elle admet l'efficacité et la nécessité d'une mutation de base — sous quelque modalité qu'elle la discrimine — ne lui concède plus aujourd'hui ni monopole ni ordre d'importance équivalant à celui qu'elle possédait dans la théorie classique, bien que le problème reste encore ouvert[47]. Elle tend plutôt à privilégier, pour sa fréquence et ses possibilités quasi indéfinies, la variabilité de recombinaison. Et, dans cet ordre, la représentation de Darwin nous semble validée au sens où, d'une part, il admet, à un rang secondaire toutefois, la production de variétés par les croisements, mais où surtout il accorde un privilège qu'on ne peut désormais estimer exorbitant à la variation individuelle minimale.

> « Une grande faculté de variabilité est évidemment favorable, car elle fournit tous les matériaux sur lesquels repose la sélection ; toutefois de simples différences individuelles sont plus

47. Ainsi pour K. MATHER, « in a long term sense the possibilities of response to selection are limited only by the possibilities of mutation, in the short term responses will be conditioned by the store of variation and will reflect its organization » (« Response to Selection », *Cold Spring Harbor Symposium*..., 1955, p. 162). Ou encore E. ZUCKERKANDL (*op. cit.* supra n. 10) pour qui la duplication des gènes s'avère un moyen plus puissant que l'hétérozygotie ; l'on est ainsi conduit à envisager moins l'idée d'une « ancienneté » d'un gène (la novation est rare dans l'ordre des gènes de structure) que celle de ses variantes, c'est-à-dire de l'organisation de ses fonctions moléculaires. En quoi est induite la nécessité de traiter comme homogènes, quant aux mécanismes qui l'assurent, la micro et la macro-évolution. Or la théorie darwinienne exprimait déjà cette continuité des taxons généalogiques (*Descendance*, trad. BARBIER, Paris, Schleicher, 1881 1re partie, ch. VI, p. 161-162), instaurant par là même une organisation unitaire des ordres de grandeurs évolutives. Certes, on ne peut parler ici de precursion, car la méconnaissance du matériel héréditaire l'interdit et la focalisation de l'intérêt sur la sélection incline à l'indifférence quant à la nature de la variance. Mais, hors d'une idéologie de la continuité, un retravail conceptuel ultérieur a permis de valider les *conclusions* darwiniennes, à tout le moins de ne pas les traiter comme illusoires ou erronées.

> que suffisantes pour permettre l'accumulation d'une grande somme de modifications dans presque toutes les directions »[48].

Nous le disions précédemment : tout organisme est un variant ; et s'il faut reconnaître que la spécification de la variance au niveau cytologique, génique, allélique ou enzymatique n'est pas acquise dans le darwinisme, il faut aussi convenir que son importance théorique et son niveau phénotypique ont été rigoureusement perçus et élaborés, permettant ainsi la possibilité d'un réinvestissement ultérieur par intégration de considérants et de justificatifs. La théorie darwinienne à ce seul niveau s'avère donc un système ouvert, compatible et commensurable à la génétique des populations.

Or, à travers la détection du polymorphisme, un second niveau dans la problématique de l'organisation vient d'être atteint : celui de l'organisation de la variabilité elle-même. Et, si nous en croyons Dobzhanshy, « comprendre l'architecture génétique et l'origine de la norme adaptative est un problème de base de la génétique des populations »[49]. Eu égard à l'impressionnante fréquence hétérozygotique dans les populations naturelles, la génétique des populations va la corréler à la sélection naturelle, car les hétérozygotes survivant mieux dans une plus grande variété d'environnements, leur capacité adaptative a pu être retenue par la sélection. Celle-ci apparaît désormais comme une organisation bivalente des génotypes, affectée qu'elle est autant à l'acquisition de l'homozygotie qu'à la stabilisation de l'hétérozygotie, paradoxe qui ne vaut pourtant pas pour indice de « non-falsifiabilité », puisqu'il est résolu par le rapport, voire la régulation de l'expression phénotypique[50] avec l'environnement et le contexte génétique. Ainsi la nouvelle théorie, dite du polymorphisme équilibré, accorde un privilège d'homéostasie à

48. *Origine des espèces*, *op. cit.* supra n. 9, ch. I, p. 40.

49. Th. DOBZHANSKY, *art. cit.* supra n. 11, p. 1-2.

50. Ainsi l'uniformité phénotypique de nombreuses espèces (ce que manifeste la fréquence des espèces jumelles) et qui serait due à une « canalisation » du développement (Waddington, et aussi travaux de Rendel sur les soies scutellaires de la Drosophile en date de 1967).

l'hétérozygote, plus approprié par sa « plasticité » à une diversification temporelle et spatiale des milieux, cependant que l'homozygote conserve sa supériorité dans des environnements plus étroits ou spécialisés[51]. Est-ce à dire, dans ces conditions, que l'organisation darwinienne de la variation soit en discordance patente avec ce schéma ? Lewontin l'assure en écrivant :

---

51. S'agissant de cette règle poppérienne de falsifiabilité, la question de sa légitimité reste ouverte sous la séduction qu'elle propage. Il nous semble d'abord que, tel le 'catalogue des catalogues' qui répertorie et doit se répertorier lui-même, s'avérant à la fois déterminant et déterminé, le principe de falsifiabilité inscrit dans son essence ce même paradoxe qui l'invalide : en effet, si on l'érige en règle irréfutable, il en devient lui-même non informatif ; il s'auto-détruit comme se nie la proposition pyrrhonienne de la non-existence d'une quelconque proposition vraie. Mais encore, il se révèle sophistique au même titre que l'identification abusive de « l'avoir » au « non-perdu » (ainsi celui-ci a des cornes qui ne les a pas perdues) : car si l'irréfutable est non informatif et que le réfutable devienne informatif, il ne l'est que de sa propre réfutation puisque le réfuté ne saurait être tenu pour vrai. Aussi bien, de même que l'on ne peut perdre que ce que l'on a eu afin d'avoir ce que l'on n'a pas perdu, en quoi se restituerait la logique de l'argument, de même l'on est légitimé à affirmer que le non-informatif est non falsifiable, car *ce qui ne contient pas d'information* ne relève ni du vrai ni du faux, ces critères ne pouvant s'appliquer à une inexistence, observationnelle ou expérimentale, cependant que l'informatif *peut* être, mais n'est pas *nécessairement* falsifiable car une information *peut* être vraie ou fausse dans son contenu. Dans ces conditions, ce n'est plus la logique qui est le test de l'informatif, mais la science elle-même dans son histoire, ses décisions et ses moyens de *vérification*. Au demeurant, si la règle poppérienne peut se limiter à requérir démonstration, critique et contrôle pour critères de scientificité, outre sa banalité, elle ne saurait être considérée comme pertinente en matière de recherche scientifique où le « contenu informatif » (formule d'ailleurs équivoque), approché et non absolu, mais point négligeable pour autant, intègre aussi un savoir sanctionné, où l'échec des objections possibles signifie l'adéquation au réel, un réel multidimensionnel et toujours moins simplifié qu'une logique le croit ou prétend le faire estimer. Car la pensée scientifique ne se mesure pas aux règles de l'entendement, mais élabore et légitime les rationalités. Dans cet ordre, en outre, la règle poppérienne manque à opérer une discrimination de frontière : car si l'on peut admettre que le non-informatif - non réfutable soit *hors* du scientifique (démarquant ainsi son statut de la religion et de la magie), à l'intérieur même du champ scientifique cette dichotomie n'a plus d'usage car elle ne tient pas compte du pluralisme signifiant du non-invalidable (idéologique — vrai — vérifiable à venir — non vérifiable *au sens où* l'expérimentation actuelle en laboratoire ne s'ordonne pas à l'ordre d'échelles temporelles comme c'est le cas pour les théories de l'évolution — erroné radical — erroné positif en tant que propulseur d'une intégration affinée) : point de vue dialectique, sans ingérence philosophique ou logique externe, laquelle n'est en fait qu'une résurgence d'une métaphysique de la connaissance, où se découvre sa propre idéologie.

> « Que la sélection naturelle puisse être tout à la fois le conservateur et le destructeur de la variation à l'intérieur d'une population, cela aurait été une surprise pour Darwin. Pour lui, elle était ce qui convertit la variation sus-dite en une différenciation temporelle et spatiale. Privé d'une génétique correcte, Darwin n'aurait pu imaginer des formes de sélection qui auraient effectivement stabilisé la variation héréditaire [...] La sélection était perçue comme l'antithèse de la variation »[52].

Il s'agit ici de s'entendre : que l'aspect sélectif équilibrateur de variabilité ait été « étranger » au darwinisme qui l'a ignoré, nous en conviendrons ; mais cela signifie-t-il qu'il ait été incompatible avec la thèse darwinienne ? Il est pour le moins abusif de présenter la sélection comme l'antithèse de la variation dans la mesure où celle-ci est la source, le stock devrions-nous dire, de celle-là, et sa réduction n'est rien moins qu'assurée dans la différenciation à laquelle il est fait référence puisque, à la limite, l'espèce est la variation amplifiée et par son accumulation et par son extension[53]. Au demeurant, l'élimination des variants défavorisés s'effectue dans le darwinisme au seul niveau des phénotypes, lesquels ne sont pas nécessairement les témoins isomorphes des génotypes : l'analyse des allèles l'enseignera, « seule une petite fraction de l'abondante variation génétique emmagasinée dans le *pool* de gènes s'exprime de façon visible »[54]. Le darwinisme a donc manqué de cette science ultérieure, mais là encore, le niveau phénotypique fondement de son discours, en le laissant équivoque, l'a tout à la fois limité et garanti ultérieurement. En la matière, il s'agit donc plus d'une insuffisance que d'une contradiction, d'une ambiguïté que d'un obstacle. Aussi bien d'ailleurs la thèse de Lewontin a de quoi surpren-

52. R. C. LEWONTIN, *The Genetic Basis of Evolutionary Genetics*, Columbia U.P., 1974, part III, ch. 5, p. 194-195 (traduit par nous).

53. *Origine des espèces*, *op. cit.* supra n. 9, ch. II, p. 57. Johannsen n'a pu décréter la limitation de la variabilité populationnelle qu'en se fondant sur son propre matériel qui, en l'occurrence, était un matériel d'auto-fécondation, donc exceptionnel. Le témoignage des éleveurs reste donc valable sur ce point, et l'on peut accorder que la variabilité génétique est réduite plus encore par les interactions que par la sélection.

54. E. MAYR, *op. cit.* supra n. 16, ch. 10, p. 191.

dre, lorsqu'il en vient au cours de sa démonstration à identifier la thèse des mutations neutres (il faut entendre le 'neutralisme' kimurien) avec « l'hypothèse classique darwino-mullérienne » : où le non-darwinisme se mue en darwinisme ! En définitive, la question ici considérée revient à mieux comprendre ce qu'opère l'organisation sélective sur sa cible phénotypique : ainsi sera circonscrit le dernier niveau de la nouvelle problématique de l'organisation. Plusieurs formes de sélection naturelle sont désormais discriminées dans la génétique des populations : sélection stabilisatrice ou canalisante, c'est-à-dire sélection des facteurs de régulation du développement qui contribuent à la standardisation du phénotype[55], où l'on aboutit par l'élimination différentielle des autres génotypes à une « normalisation génétique » de la population ; sélection dynamique ou novatrice qui adapte l'organisme à des conditions changeantes ; sélection disruptive ou bi-polaire-bisolutionnelle ; sélection directionnelle enfin, c'est-à-dire linéaire. Or c'est à cette dernière espèce du genre que l'argument précité de Lewontin fait référence :

> « Pour ceux qui adhèrent à la théorie classique de la structure des populations, directs héritiers de la tradition prémendélienne [entendons darwinienne], la variation née de la mutation est constamment effacée par la force purificatrice de la sélection directionnelle »[56].

Il importe donc d'éclairer ce qu'est, au vrai, l'organisateur darwinien. L'accumulation de la variation s'y opère, certes, dans le même sens, en analogie ici avec

> « le pouvoir qu'a l'homme d'augmenter par sélection continuelle et dans un même sens, toute modification, pouvoir qui dépend de la tendance de la variabilité à continuer dans la direction suivant laquelle elle a commencé »[57].

55. Cf. supra n. 50 ; également B. WALLACE, *op. cit.* supra n. 10, ch. XI, p. 170 : « la sélection stabilisatrice est celle qui favorise un phénotype intermédiaire. »

56. R. C. LEWONTIN, *op. cit.* supra n. 52, part III, p. 195.

57. Ch. DARWIN, *De la variation des animaux...*, *op. cit.* supra n. 43, II, ch. XXII, p. 278.

Toutefois cette vectorisation dépend d'abord d'une nécessité épistémologique interne au darwinisme, à savoir le caractère infinitésimal de la variation qui doit nécessairement se capitaliser pour aboutir à la divergence spécifique ; en outre, parce que le comportement futur d'un organisme ou d'une population est nécessairement conditionné par ses réussites anciennes et que toute organisation porte le poids de son ascendance, l'organisation de la variabilité prend sa propre suite, de sorte que la sélection stabilisatrice emprunte finalement à la sélection directionnelle pour assurer son contrôle génétique[58]. En l'occurrence, tout est, une fois encore, fonction de la diversité même des conditions d'existence et de l'infinie complexité des relations biotiques dans l'espace et dans le temps. Si bien que l'organisation sélective darwinienne se développe à plusieurs rythmes, sous plusieurs allures de compétition ou de coexistence, dans des régionalismes divers, avec des adaptations divergentes, et au sein de populations dont les dimensions sont instables, les faciès ouverts à la dynamique des *peuplements* et les corrélats multiples. De plein terrain, ces peuplements diffèrent donc structurellement des ensembles de laboratoires, même traités en cages à population, car le système de simulation proche de celui des régimes naturels reste néanmoins un système clos où les immigrations sont insignifiantes, sauf sous la forme des rares occurrences mutationnelles.

> « Toute sélection dans un tel système fermé opérera à l'avantage de la stabilité et en augmentant ce que Mather appelle une 'balance' et Dobzhansky une 'coadaptation'. Combien cette condition est différente de celle d'une population naturelle ! Une population locale d'une espèce sexuée est un système fortement ouvert. Parmi le millier de nouveautés génétiques qui peuvent se présenter dans semblable population, 999 seront des gènes étrangers migrant par dérive de populations extérieures. La sélection en faveur d'un équilibre défini, pour un système [59] défini de coadaptation, est contrecarrée par les effets disruptifs d'une immigration génique. Les génotypes dans un système ouvert, et les éléments qui les composent

58. Cf. travaux de Rendel déjà cités.

59. Dans la langue anglaise, le terme « system » signifie aussi « organism ».

> sont sélectionnés, non seulement en vue d'une coadaptation, mais aussi pour leur capacité à se combiner à la grande diversité des gènes qui s'introduisent dans le système à chaque génération »[60].

Par son pluralisme et sa problématique d'interrelations des biocénoses coexistantes, complémentaires ou exclusives, spécialisées ou polyvalentes, de frontière ou focales, la théorie darwinienne s'avère instructive pour un affinement de la génétique populationniste : celle, contemporaine, d'une génétique écologique serait donc susceptible de retrouver, voire de se former à, en tout cas de prolonger ce discours évolutif radical qu'a été, en 1859, le darwinisme. Quant à l'organisation sélective phénotypiquement considérée, elle mérite ainsi d'être qualifiée de pluridimensionnelle. A telle enseigne que le mimétisme dit batesonien rapporté par Darwin, qui le connaissait par l'intermédiaire de Wallace[61], relève, quant à lui, de la sélection disruptive. Mais la génétique des populations a discriminé au niveau de l'analyse ce qui, dans le darwinisme, était resté dans l'ordre de la description d'un fonctionnement. Au demeurant, elle a, de par ses techniques mêmes, dépouillé la représentation darwinienne de l'organisation sélective des vestiges de théâtralisation qui l'ont infestée occasionnellement.

> « On peut dire, *par métaphore,* que la sélection naturelle recherche, à chaque instant et dans le monde entier, les variations les plus légères ; elle repousse celles qui sont nuisibles, elle conserve et accumule celles qui sont utiles ; elle travaille en silence, insensiblement, partout et toujours, dès que l'occasion s'en présente, pour améliorer tous les êtres organisés relativement à leurs conditions d'existence organiques et inorganiques »[62].

60. E. MAYR, *art. cit.* supra n. 7, 1955, p. 331 (traduit par nous).

61. « Ces considérations ont conduit M. Bates à penser que les papillons, qui imitent l'espèce protégée, ont acquis, grâce a la variation et à la sélection naturelle, leur apparence actuelle si étonnament trompeuse, dans le but de se confondre avec l'espèce protégée et d'échapper ainsi au danger » (*Descendance, op. cit.* supra n. 47, 2e partie, ch. XI, p. 354 sq.).

62. *Origine des espèces, op. cit.* supra n. 9, ch. IV, p. 90. C'est nous qui soulignons.

Cependant, puisqu'il s'agit d'une 'métaphore', l'on peut en définitive affirmer que si la génétique des populations a épuré, explicité et distribué le mécanisme darwinien d'organisation, elle n'a pas transformé son statut et l'a confirmé dans ses orientations pluralistes. En conséquence, une organisation ne saurait se définir par la seule négativité d'une « purification » ; de surcroît, si l'élimination différentielle en est une composante manifeste, il ne s'agit pas là d'une évacuation de « déviants » ; ceux-ci impliquent en effet une idéologie de la normativité que le darwinisme a précisément contribué à faire cesser en composant son « économie de la nature » en dehors de tout ordre *a priori*, de tout système de rapports nécessaires et essentialistes dans une balance où le mort compenserait le vif, et qui vaudrait précisément pour substitut de la structuration sélective[63]. A l'inverse, l'idée d'une fréquence statistique délie l'organisation des vivants de toute surimposition providentialiste, immanente ou transcendante, cependant que leur interdépendance, sans préalable de régularité, reste soumise à l'éminente relativité des circonstances physiques et organiques. Aussi l'architecture des formes et des populations n'est-elle pas celle d'une harmonie pré-établie ; dé-concertante [64], elle n'en conserve pas moins une réalité factuelle qui donne à la problématique de l'organisation sa signification ultime : hors de toute téléologie ou théologie de l'ordre, elle est ce qui permet de régler, sans préformation ni pré-orientation, la diversité des organismes dans l'espace et dans le temps. En ce sens, l'organisation — génotypique, phénotypique, écologique — est une stratégie multivalente pour les vivants, quant aux conditions pluridimensionnelles de leur survie. Produit d'une

63. « Ainsi la loi de balancement des êtres vivants semble absolument distincte de la sélection naturelle », écrivait le médecin français A.-L. FÉE en 1864 (*Le darwinisme*, Paris, Masson, p. 26). Voir Y. CONRY, *op. cit.* supra n. 17, 2e partie, section 3, p. 342 à 344. L'utilisation du terme 'balance', par Mather par exemple, si elle n'est pas suspecte conceptuellement eu égard à la problématique génétique, reste cependant une ambiguïté formelle.

64. L'étymologie italienne du « concerto » renvoie à l'idée d'une mise en accord, c'est-à-dire à une entente préalable : ce qui est dé-concertant désigne donc ici ce qui n'a pas été pré-coordonné. En ce sens, il ne s'oppose pas à une intégration comme processus itératif, étagé et sélectif.

histoire, elle la structure en retour à chaque moment et niveau dans un processus de *feed-back* qui autorise alors à la spécifier comme une régulation ; toutefois il s'agit tout aussi bien d'un « tamponnement » d'écarts que d'un moyen pour l'organisme de vivre en changeant sa viabilité. Aussi bien les gènes régulateurs affectent-ils celle-ci au plus haut point, de sorte que la régulation est tout à la fois un montage d'évolution et celle-ci une transformation de celle-là. Dans ces conditions,

> « le jour viendra où il sera nécessaire de réécrire la majeure partie de la génétique des populations en termes d'interactions entre les gènes régulateurs et les gènes de structure » [65].

Mais cette problématique même d'une organisation-régulation nous semble en tout état de cause donner les moyens de récuser un finalisme même vestigiel au sein d'une moderne théorie de l'évolution ; en cela encore darwinisme et génétique des populations paraissent commensurables, et nous souscrivons à l'affirmation de Mayr selon laquelle « le remplacement du mode de pensée typologique par le mode de pensée populationniste constitue peut-être la plus grande révolution philosophique qui ait eu lieu en biologie » [66].

Au terme de cette étude, le darwinisme nous semble donc toujours fécond en dépit des nécessaires remaniements apportés par la génétique des populations aux concepts d'organisme et d'organisation, et dont nous avons fait état au passage. Il reste en effet fonctionnel dans l'ordre du polymorphisme ; il a toléré, voire impliqué la pluralisation des formes sélectives ; il a enseigné à la génétique mathématique l'irréductibilité du biologique, en même temps qu'il a pu rappeler à la nouvelle génétique des populations la nécessité d'un registre organismique et compositionnel ; enfin, par le relativisme et le pluralisme qui l'expriment, il a contribué à la philosophie même de la génétique des populations. Bref, le darwinisme n'est pas une préhistoire.

---

65. E. MAYR, *op. cit.* supra n. 16, ch. 10, p. 201 ; la biologie moléculaire se greffe ici sur la génétique des populations.

66. *Ibid.*, p. 5.

INTERVENTIONS

M. **Robert** Olby (traduit par M. Louis Thaler). — Par rapport aux années 30, la génétique moderne des populations a beaucoup évolué : elle est passée de la sélection agissant sur les génotypes ou sur les phénotypes à une sélection sur les gènes eux-mêmes, les gènes conçus comme quelque chose de tout à fait indépendant. Vous avez fait allusion à l'organisation du chromosome, mais en fait, dans les espèces panmictiques à reproduction sexuelle dans lesquelles le « crossing-over » n'est pas interdit, il y a une « dissolution » du génotype à chaque acte de génération.

M. Louis Thaler. — La génétique des populations contemporaine traite surtout des gènes et les voit s'organiser au niveau global de la population sans tenir compte beaucoup du niveau intermédiaire (où se situent les génotypes et les phénotypes des individus).

Cependant on est de plus en plus obligé de tenir compte du fait que dans certains cas ce ne sont pas des gènes individuels qui sont soumis à la recombinaison par « crossing-over », mais des blocs chromosomiques comprenant toute une série de gènes contigus. Tant que ces blocs ont pu être considérés comme des gènes uniques, on a pu désigner leurs variants comme des allèles, mais maintenant on préfère utiliser le terme haplotype. Ainsi le locus HLA gouvernant les groupes antigéniques tissulaires chez l'homme, peut-il être occupé par différents haplotypes définis chacun par une combinaison particulière d'allèles. Cette notion de combinaison allélique très difficilement dissociable avait déjà été imaginée par Dobzhansky comme raison d'être du polymorphisme des inversions chromosomiques observables dans certaines populations de drosophiles : dans un hétérozygote la portion de chromosome inversée se trouve protégée contre la recombinaison. A l'heure actuelle on se rend compte que des blocs de gènes peuvent être fortement protégés contre la recombinaison sans que le mécanisme soit nécessairement l'inversion d'un segment chromosomique. On peut même se demander si le génome n'est pas systématiquement réparti en blocs de cette nature. S'il en était ainsi, les génotypes cesseraient d'apparaître comme des entités se décomposant en gènes individuels au sein du *pool* génétique de la population : les haplotypes demeureraient les résidus insolubles de ces génotypes.

Mlle Yvette CONRY. — D'un point de vue épistémologique et historique, ce qui se trouve désormais périmé, c'est la situation mendélo-fishérienne postulant la connexion linéaire d'un gène-un caractère.

Mme Claudine PETIT. — Je crois que la question qu'a posée M. Olby est un des points majeurs de la génétique des populations actuellement. Quand nous travaillons sur des gènes déterminés, nous ne manquons jamais maintenant de dire que nous ne sommes pas sûrs qu'il s'agisse bien du gène donné en tant que cible ou bien du gène en liaison avec un certain nombre d'autres gènes, de sorte que nous avons l'impression qu'il existe un certain nombre de gènes qui jouent un rôle majeur, et qu'en aucun cas on ne peut séparer le gène du génotype. Mais c'est évidemment extrêmement difficile à résoudre du point de vue expérimental et, à mon avis, c'est un des problèmes ouverts et difficiles de la génétique des populations moderne.

M. Jean-Louis SERRE. — L'haplotype constitué par une combinaison rapprochée de divers allèles échappe plus facilement à la recombinaison due au « crossing-over » que les combinaisons de gènes plus distants sur le chromosome.

Mais au-delà de ce bloc de gènes constitué par leur rapprochement physique, il faut aussi considérer la corrélation fonctionnelle entre gènes, liée au problème de régulation et de déroulement programmé de la traduction de l'information chromosomique. Il faut aussi noter l'effet de « position » défini par Lewontin qui amène à la notion de super-gène.

M. Francesco SCUDO. — Je vais tout d'abord parler comme généticien des populations, non comme historien. La génétique des populations est seulement une technique, une technique qui a beaucoup progressé depuis les années 30. Cet instrument technique peut être utilisé, selon moi, comme un instrument tout à fait neutre ; il peut être utilisé dans n'importe quelle théorie. En effet, la théorie scientifique de Haldane sur l'évolution était très différente de celle de Fisher, elle-même très différente de celle de Sewall Wright. Haldane, par exemple, parlait de sélection phénotypique dans le sens de phénocopie, particulièrement en éthologie pour l'évolution de la conduite.

Comme historien, je pense qu'il y a beaucoup d'ambiguïté liée à des termes comme darwinisme ou théorie synthétique. Tenant compte des énormes différences entre Darwin et Wallace sur des problèmes comme l'évolution de la conduite, la spéciation, la sélection sexuelle, etc., je considère que ces savants ont peu de points communs. Si la théorie synthétique est ce que Fisher, Wright, Haldane, etc. ont en commun, cela représente si peu de choses que ce ne peut pratiquement pas être considéré comme une théorie. Peut-être mon ami Ghiselin a-t-il raison quand il dit que la théorie synthétique n'est ni une théorie ni une synthèse. Elle serait tautologique, et il n'aurait rien à voir avec Darwin et avec Wallace.

M. Jacques Roger. — Vous avez prononcé le nom de Ghiselin, et je voudrais faire état d'un petit incident très récent. Il y a un mois, il y a eu à Toronto la réunion de la Société américaine d'Histoire des sciences et Ghiselin est intervenu au cours d'une discussion pour dire que, quelques semaines avant la mort de Dobzhansky, celui-ci l'avait invité à dîner et, au cours du dîner, Ghiselin avait démontré à Dobzhansky que la génétique n'avait joué aucun rôle dans le développement de la théorie darwinienne de l'évolution. Le président de la session qui était le philosophe américain Michael Ruse a réagi de la façon suivante : « Quand je serai près de mourir, je ne vous inviterai pas à dîner. » Cela dit, je serais heureux que nous revenions sur cette question, mais M. Ghiselin est évidemment une très forte personnalité.

Mlle Yvette Conry. — M. Scudo suggère, je présume, que la co-présence Darwin-Wallace n'est pas une co-existence de cohérence.

M. Francesco Scudo. — Pas du tout, pas en zoologie au moins.

Mlle Yvette Conry. — Cela mériterait d'être repensé, même si l'on connaît certaines absences conceptuelles — le terme de « sélection » manquant au mémoire de Wallace de 1858 — et les réticences, voire les résistances wallaciennes ultérieures à l'extension à l'homme du mécanisme sélectif. Mais c'est un autre problème que j'ai engagé ici, autre que celui des rapports historiques et théoriques entre Darwin et Wallace. Et je ne vois d'ailleurs pas très clairement quelles conséquences on pourrait en tirer s'agissant de la validité scientifique ou du statut de la théorie synthétique de l'évolution, laquelle, de surcroît, n'a pas été mon propos.

M. Francesco Scudo. — Darwin pensait à sélection de masse, comme Fisher ; Wallace à sélection de petites populations, comme Sewall Wright. L'idée de ce dernier était celle de l'écologiste selon laquelle on ne se mélange pas beaucoup. Il y a des petites « sociétés », pas de «mélange ». Ce sont ces problèmes que Darwin et Wallace discutaient entre eux.

Mlle Yvette Conry. — Oui, effectivement, mais surtout dans le champ de et en rapport avec la problématique d'une hérédité-mixtion. Les voies d'approche et les fonctions théoriques à l'intérieur d'un système d'évolution interdisent donc qu'on puisse identifier les problèmes traités, Darwin-Fisher d'une part, Wallace-S. Wright d'autre part. En outre, au niveau strictement zoologique, si je souscris à l'idée que dans l'écologie wallacienne, la sélection s'opère à l'intérieur et sur de petites populations, il me semble illégitime de réduire le darwinisme à la seule forme d'une sélection de masse. En fait, plusieurs cas de figure sont pris en considération et opératoires dans la théorie darwinienne : pour les petites populations, l'endémisme insulaire (dont on sait le rôle qu'il a joué pour la conviction transformiste de Darwin), les régions simplement protégées et limitées géographiquement, les territoires biotiques réservés où les espèces coexistent du fait d'éthologies différenciées ; et à l'opposé, pour la sélection de masse, les grandes surfaces ouvertes de communication à brassage maximal où le croisement favorise l'uniformisation des caractères, mais où le chiffre de population accroît le taux de fréquence des variations individuelles et conduit à la dominance spécifique. Par conséquent, ce problème des dimensions et échelles de populations a non seulement été élaboré dans le darwinisme, mais, dans une certaine mesure, a constitué la pierre de touche de l'efficacité sélective, toujours en relation directe avec la difficile question de l'isolement.

M. Louis THALER. — C'est à l'historienne que je m'adresse, parce que vous avez très bien expliqué que la théorie darwinienne n'est pas contredite par la science moderne. Je ne voudrais que préciser un certain nombre de choses. Il n'y a pas de contradiction dans le processus de développement de la pensée de Darwin jusqu'à la génétique des populations. D'autre part, vous avez très bien montré que la population aux yeux de la génétique moderne peut être appelée un organisme, et la question que je pose à l'historienne est de savoir s'il y a quelque chose dans la pensée de Darwin qui préfigure l'idée que la population est un organisme.

Mlle Yvette CONRY. — La question est délicate en ce qui concerne sa réponse directe et systématique. Elle tient finalement et fondamentalement à la place du populationnisme — si j'ose dire — dans le système darwinien. Pour donner ici mon opinion personnelle, je suggérerai ceci : trop rares et descriptifs sont les textes de Darwin dans cet ordre pour qu'on puisse qualifier ses notations de précursion ou d'ébauche en la matière. J'entends par là qu'il n'y a pas de prise en charge réflexive délibérée, et clairement opératoire, de cette notion d'un *pool* organismique (étant bien entendu qu'il ne s'agit à aucun moment d'un *pool* génétique). Mais j'aimerais aussi distinguer deux points : avec la théorie darwinienne apparaît pour la première fois un traitement *positif* de la densité de population, comme pression évolutive et lieu d'influence de la sélection ; c'est là l'aspect démographico-malthusien du darwinisme. Toutefois, celui-ci ne peut se réduire à ce formalisme quantitatif, et je retrouve ici, à nouveau, votre interrogation. Il me semble que, à partir de textes latéraux et illustratifs, tels, dans l'*Origine des espèces,* celui sur le bourdon et la pensée, ou celui sur les corrélations du bétail paraguayien et des insectes, à partir donc de ce type de discours, on a le droit de discriminer l'image d'une population-organisme, s'agissant alors des intégrations écologiques et géographiques d'organismes-individus, au sein de biocénoses et d'éco-systèmes.

En définitive, je dirai que le concept de population n'a jamais été élaboré pour lui-même (le terme, d'ailleurs, ne s'y trouve pas, à ma connaissance du moins) ; mais on trouve dans la zoologie transformiste darwinienne des éléments non insignifiants, voire une représentation minimale, mais pertinente, pour une future épistémologie d'une population-organisme. Et si la génétique des populations a réinvesti ultérieurement le darwinisme, c'est parce qu'il y avait, au niveau d'une description empirique dans le système darwinien, des possibilités de modélisation pour cette future génétique.

M. Jean-Louis SERRE. — Tout le monde ne peut-il pas se référer, d'une manière ou d'une autre, à la théorie darwinienne ? Elle est tellement ouverte, elle peut donner lieu à tellement d'interprétations que, lors d'une conférence au Collège de France, je me rappelle que Kimura se référait à Darwin, alors que Lewontin se réfère à Darwin, Mme Petit à Darwin, etc. En fin de compte, si la théorie darwinienne n'est pas falsifiable, tout le monde peut s'y retrouver. C'est une auberge espagnole.

Mlle Yvette CONRY. — Un système ouvert ne signifie pas une auberge espagnole, car tout n'y est pas possible, ni indifférent, même si tout n'y est pas défini ou définitif. Compossibilités et compatibilités, en réglant les rectifications et les compléments ultérieurs, font que certaines références sont de pseudo-reconnaissances. Evidemment, la cohérence ou la problématique du système ouvert ne sont pas toujours suffisantes pour les exclure *a priori*, car la raison des affinités déclarées ou des paternités postulées n'est parfois rien moins que scientifique ; mais elles les rendent illégitimes. On ne peut sans abus faire de Darwin le précurseur de tout ni le fossoyeur de n'importe quoi. D'ailleurs, que signifie au vrai « se référer à » ? Une chose est de discriminer un concept extrait d'un corpus théorique, autre chose de renvoyer à des faits pris en compte, à la problématique du discours, à une philosophie implicite. Je ne suis donc pas ici en train de faire l'apologie du darwinisme ou celle du néo-darwinisme ; je cherche à estimer ses mérites relatifs et ses possibilités de réinvestissement. Et s'il y a équivocité de lecture pour certains textes darwiniens (par exemple le statut de la sélection artificielle ou le niveau de l'isolement, sympatrique ou allopatrique), on n'est pas pour autant fondé à réorganiser les textes dans n'importe quel contexte, et pour n'importe quel usage. Ainsi une greffe téléologique sur la théorie, ou une philosophie du progrès comme grille d'interprétation me paraissent des déviances de textes et de problématique. Car enfin, si l'on identifie la rationalité multiple et heuristique d'une théorie à une « auberge espagnole », on peut aussi bien dire que le système de Kimura en est une : n'ayant jamais nié l'importance de la sélection, mais l'ayant, si j'ose dire, sectorisée et limitée, y ayant de surcroît adjoint une hypothèse migrationniste, il sera lui aussi susceptible de rallier une hétérogénéité de suffrages. En définitive, la question n'est pas là, me semble-t-il, mais dans le mouvement scientifique de composition d'une explication légitimée, non simpliste et la plus approchée possible du réel. Enfin, en matière de théorie de l'évolution, est-on actuellement en mesure d'élaborer un système clos intégralement satisfaisant, multivalent sans être équivoque ? Dans ces conditions, votre objection pourrait s'articuler à la nature encore polémique des recherches « évolutionnistes » ; mais, d'un strict point de vue épistémologique, elle pourrait aussi faire apparaître, *a contrario,* les droits d'une pensée scientifique, à la fois autonome et approchée, contre une logique décisoire, mais stérile.

M. Michel Veuille. — Mlle Y. Conry nous a présenté l'histoire de la génétique des populations comme un long cheminement vers la conception « organismique » de la population, qui est celle de la génétique des populations moderne. Il faut cependant rappeler qu'une telle conception était pleinement formulée par Sewall Wright dès les années 30. Celui-ci n'est pas un tenant du rôle du hasard dans l'évolution (il n'est pas l'inspirateur de Kimura, mais de Lewontin !). Seulement, face à une sorte de réification de la sélection naturelle, présente notamment chez Fisher, il fait intervenir, en plus de la sélection, l'interaction entre les gènes, et les aléas de l'histoire dans l'évolution des populations naturelles. La conception de Sewall Wright revient en vogue aujourd'hui, notamment parmi les généticiens des populations qui s'opposent aux vues simplistes de la sociobiologie sur la sélection.

Je pense qu'il faut s'interroger sur la raison pour laquelle les généticiens des populations ont si longtemps vu dans le « modèle de

Sewall Wright » une construction élégante certes, mais sans toujours en comprendre les implications théoriques, et pourquoi d'autres conceptions ont si longtemps prévalu.

Mlle Yvette CONRY. — Je souhaiterais d'abord nuancer le radicalisme de votre affirmation selon laquelle, dans les années 30, la conception de Wright est organismique : il se pourrait en effet que celle-ci ait été, par son auteur même, élaborée et requise *a posteriori*, à partir de propositions comme la pléiotropie, non incompatibles certes avec cette problématique, mais non clairement ni suffisamment caractérisées comme telle. S'agissant du réinvestissement actuel du principe de la dérive, je crois que vous en signalez vous-même l'une des origines, sinon l'une des raisons, à savoir le refus de l'idéologie sociobiologique : A. Jacquard, me semble-t-il, en est un témoin majeur. Quant à la méconnaissance du modèle de Wright, je pense qu'il pourrait s'agir d'une sous-estimation due conjointement au prestige théorique du mathématisme de *Biometrika*, et à la dominance de la problématique fishérienne d'une sélection de masse. Mais ne s'agirait-il pas en l'occurrence d'une différence de champ quant à l'objet considéré plutôt que d'une dichotomie théorique ? Quoi qu'il en soit, la césure demeure, me semble-t-il, entre cette première génétique formelle et la problématique écologique ultérieure ; et je ne crois pas avoir montré un « long *cheminement* » vers une représentation organismique : j'ai au contraire discriminé une disjonction. Aussi bien l'histoire de la biologie délivre-t-elle rarement un continuisme conceptuel ou théorique. Et d'ailleurs, en admettant votre point de vue, celui d'un isolement de Wright par rapport à Fisher et à la première génétique des populations, on aboutit, en pluralisant les différenciations, à ce traitement qui fut le mien, celui de niveaux et moments critiques, ou à tout le moins, d'une non-linéarité dans l'histoire de la génétique des populations.

M. Philippe L'HERITIER. — Il me semble, d'après ma propre expérience, qu'il n'y a pas eu de décalage entre la contribution de Fisher et celle de Sewall Wright. Je me souviens avoir assisté à un des premiers congrès internationaux de génétique qui a eu lieu en 1932 en Amérique. Fisher et Sewall Wright étaient présents tous les deux ; il n'y a pas eu de contradiction entre eux. Fisher était évidemment essentiellement un sociologue et pensait aux populations humaines, aux populations très nombreuses ; Sewall Wright était plus naturaliste, il a réalisé que dans la nature les populations sont fragmentées en petits isolats, d'où la notion de dérive. Mais en fait, dès qu'on a commencé à enseigner la génétique des populations, on l'a enseignée tout de suite à la fois au niveau des grandes populations et au niveau de petites populations où jouait la dérive. Je ne crois pas qu'il y ait eu un long cheminement, véritablement historique, en tout cas pas dans le milieu que j'ai fréquenté.

INDEX NOMINUM

INDEX NOTIONUM

TABLE DES MATIERES

Imprimerie de la Manutention à Mayenne — 9 janvier 1987 — N°9734